1일 10분
초등 메가 계산력

2권

초등 1학년

KB127307

자기 주도 학습력을 기르는 1일 10분 공부 습관!

☑ 공부가 쉬워지는 힘, 자기 주도 학습력!

자기 주도 학습력은 스스로 학습을 계획하고, 계획한 대로 실행하고, 결과를 평가하는 과정에서 향상됩니다.
이 과정을 매일 반복하여 훈련하다 보면 주체적인 학습이 가능해지며 이는 곧 공부 자신감으로 연결됩니다.

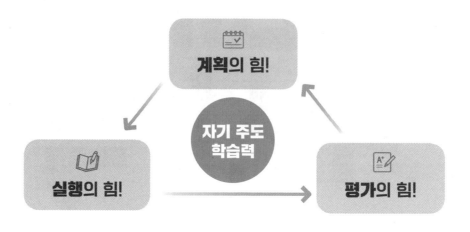

☑ 1일 10분 시리즈의 3단계 학습 로드맵

〈1일 10분〉 시리즈는 계획, 실행, 평가하는 3단계 학습 로드맵으로 자기 주도 학습력을 향상시킵니다.
또한 1일 10분씩 꾸준히 학습할 수 있는 부담 없는 학습량으로 매일매일 공부 습관이 형성됩니다.

1단계 학습 계획하기

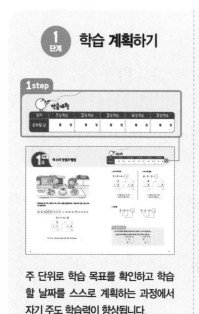

주 단위로 학습 목표를 확인하고 학습할 날짜를 스스로 계획하는 과정에서 자기 주도 학습력이 향상됩니다.

2단계 학습 실행하기

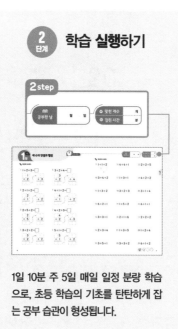

1일 10분 주 5일 매일 일정 분량 학습으로, 초등 학습의 기초를 탄탄하게 잡는 공부 습관이 형성됩니다.

3단계 결과 평가하기

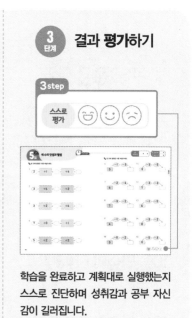

학습을 완료하고 계획대로 실행했는지 스스로 진단하며 성취감과 공부 자신감이 길러집니다.

구성과 특징

핵심 개념

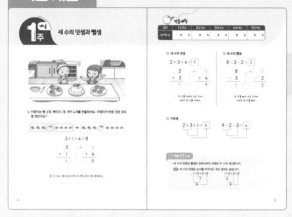

➕ 교과서 개념을 바탕으로 연산 원리를 쉽고 재미있게
이해할 수 있습니다.

연산 응용 학습

➕ 생각하며 푸는 연산으로 계산 원리를 완벽하게
이해할 수 있습니다.

연산 연습과 반복

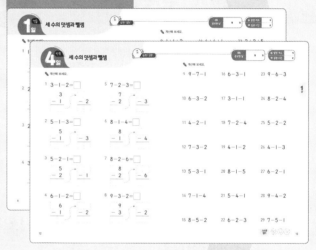

➕ 1일 10분 매일 공부하는 습관으로 연산 실력을
키울 수 있습니다.

생각 수학

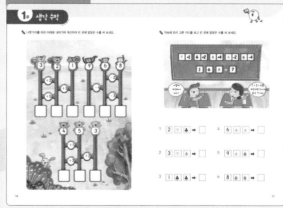

➕ 한 주 동안 공부한 연산을 활용한 문제로
수학적 사고력과 창의력을 키울 수 있습니다.

3

세 수의 덧셈과 뺄셈

☑️ 미영이는 빵 3개, 케이크 1개, 쿠키 4개를 만들었어요. 미영이가 만든 것은 모두 몇 개인가요?

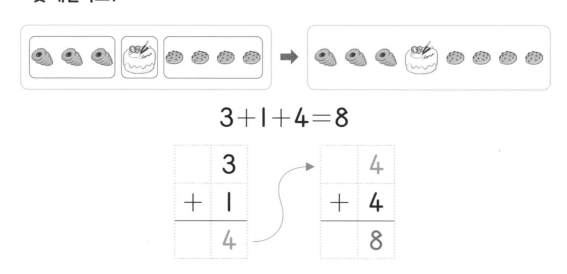

$$3+1+4=8$$

3+1+4=8이므로 미영이가 만든 것은 모두 8개예요.

학습계획

일차	1일 학습	2일 학습	3일 학습	4일 학습	5일 학습
공부할 날	월 일	월 일	월 일	월 일	월 일

✅ 세 수의 덧셈

$$2+3+4=\boxed{9}$$

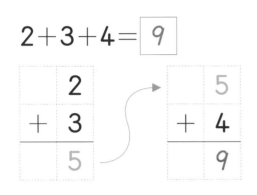

두 수를 더하고 나온 수에
나머지 한 수를 더해요.

✅ 세 수의 뺄셈

$$8-3-2=\boxed{3}$$

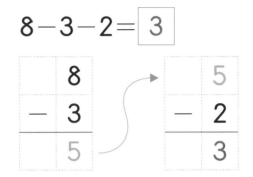

두 수를 빼고 나온 수에서
나머지 한 수를 빼요.

✅ 가로셈

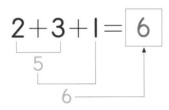

$$2+3+1=\boxed{6}$$

$$9-2-3=\boxed{4}$$

📖 개념 쏙쏙 노트

• 세 수의 덧셈과 뺄셈은 앞에서부터 차례로 두 수씩 계산합니다.

참고 세 수의 덧셈은 순서를 바꾸어도 계산 결과는 같습니다.

$$1+5+2=8$$

$$1+5+2=8$$

세 수의 덧셈과 뺄셈

✏️ 계산해 보세요.

1 $1+2+3=$ ☐

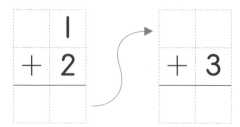

2 $2+1+2=$ ☐

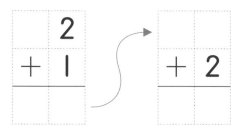

3 $2+5+2=$ ☐

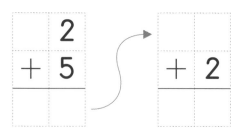

4 $3+2+2=$ ☐

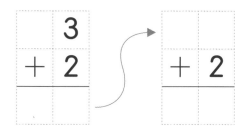

5 $3+2+4=$ ☐

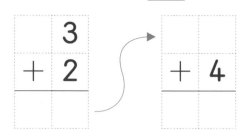

6 $4+1+2=$ ☐

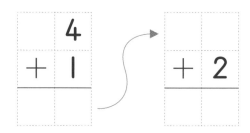

7 $4+2+3=$ ☐

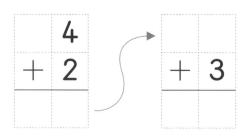

8 $5+1+2=$ ☐

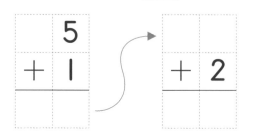

✏️ 계산해 보세요.

9 1+1+2

　　2
　　　4

10 3+4+2

11 1+3+2

12 6+2+1

13 3+3+1

14 2+3+4

15 3+5+1

16 4+4+1

17 1+3+1

18 3+2+3

19 1+5+2

20 2+1+6

21 1+3+5

22 3+3+2

23 2+2+5

24 4+2+2

25 3+1+4

26 6+1+1

27 2+2+2

28 1+2+4

29 6+1+2

1
주

스스로
평가

세 수의 덧셈과 뺄셈

✏️ 계산해 보세요.

1 1+3+2=☐

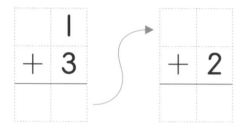

2 2+0+6=☐

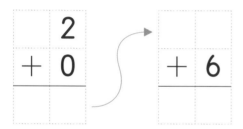

3 3+5+1=☐

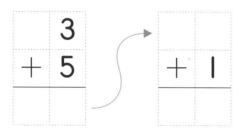

4 4+3+1=☐

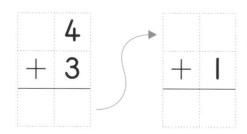

5 5+2+2=☐

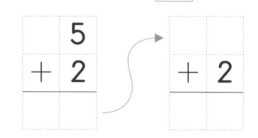

6 0+3+5=☐

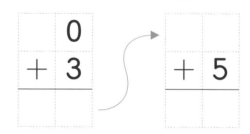

7 1+3+1=☐

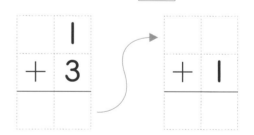

8 4+1+2=☐

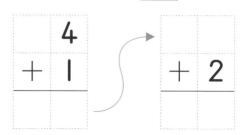

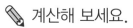 계산해 보세요.

9 1+1+1

10 2+6+1

11 4+0+3

12 4+2+2

13 3+1+4

14 3+2+2

15 1+3+3

16 2+5+2

17 2+1+2

18 6+3+0

19 1+2+3

20 3+3+3

21 2+2+3

22 2+4+1

23 0+6+2

24 4+1+3

25 5+2+1

26 3+0+6

27 1+3+5

28 2+3+2

29 1+2+2

1
주

스스로
평가

9

✏️ 계산해 보세요.

1 4−1−3=□

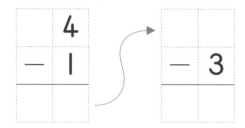

5 6−3−2=□

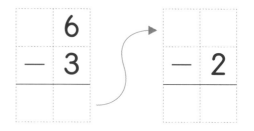

2 3−1−1=□

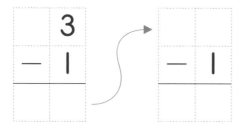

6 7−4−0=□

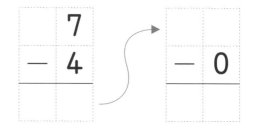

3 4−1−2=□

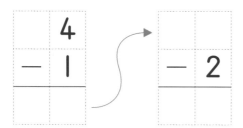

7 8−3−2=□

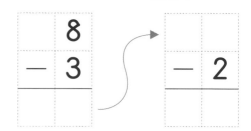

4 9−3−5=□

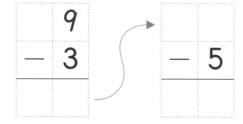

8 8−4−3=□

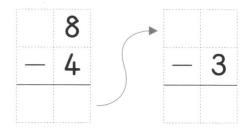

✏️ 계산해 보세요.

9 2−1−1
　　1
　　0

16 6−1−3

23 7−3−1

10 9−5−3

17 7−4−2

24 4−3−1

11 6−2−2

18 5−3−1

25 7−3−2

12 9−4−3

19 3−1−2

26 5−0−2

13 4−2−1

20 9−2−4

27 8−1−7

14 8−4−2

21 6−1−1

28 9−6−1

15 7−2−4

22 8−3−5

29 5−1−2

스스로
평가

세 수의 덧셈과 뺄셈

✏️ 계산해 보세요.

1 3−1−2=□

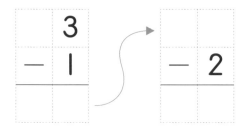

2 5−1−3=□

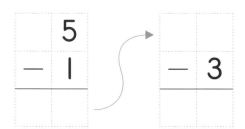

3 5−2−1=□

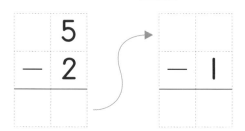

4 6−1−2=□

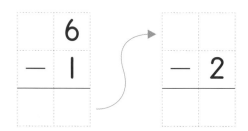

5 7−2−3=□

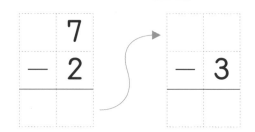

6 8−1−4=□

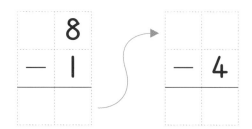

7 8−2−6=□

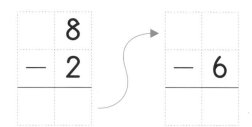

8 9−3−2=□

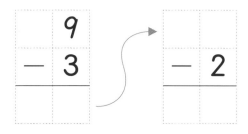

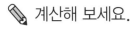
✏️ 계산해 보세요.

9   $9-7-1$

10   $6-3-2$

11   $4-2-1$

12   $7-3-2$

13   $5-3-1$

14   $7-1-4$

15   $8-5-2$

16   $6-3-1$

17   $3-1-1$

18   $7-2-4$

19   $4-1-2$

20   $8-1-5$

21   $5-4-1$

22   $6-2-3$

23   $9-6-3$

24   $8-2-4$

25   $5-2-2$

26   $4-1-3$

27   $6-2-1$

28   $9-4-2$

29   $7-5-1$

스스로
평가 😄 ☺ ☹

13

세 수의 덧셈과 뺄셈

✏️ 빈 곳에 알맞은 수를 써넣으세요.

1 (2) → [+1] → ( ) → [+4] → ( )

2 (3) → [+4] → ( ) → [+2] → ( )

3 (3) → [+2] → ( ) → [+4] → ( )

4 (7) → [+0] → ( ) → [+1] → ( )

5 (5) → [+2] → ( ) → [+2] → ( )

✏️ 빈 곳에 알맞은 수를 써넣으세요.

6
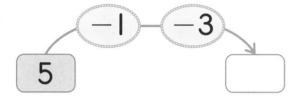

5 　−1　−3　☐

11
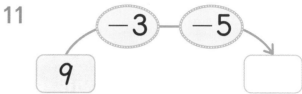

9 　−3　−5　☐

1
주

7
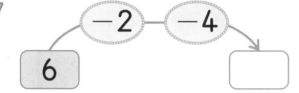

6 　−2　−4　☐

12
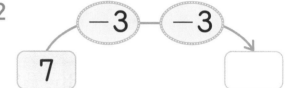

7 　−3　−3　☐

8
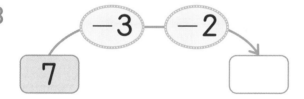

7 　−3　−2　☐

13
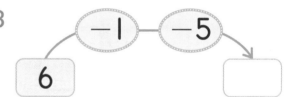

6 　−1　−5　☐

9
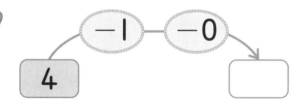

4 　−1　−0　☐

14
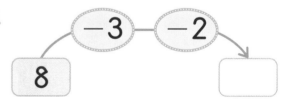

8 　−3　−2　☐

10
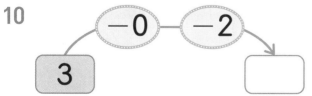

3 　−0　−2　☐

15
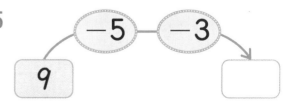

9 　−5　−3　☐

스스로
평가

15

✏️ 나뭇가지를 따라 아래로 내려가며 계산하여 빈 곳에 알맞은 수를 써 보세요.

✏️ 약속에 따라 고른 카드를 보고 빈 곳에 알맞은 수를 써 보세요.

1 2 ♥ ♣ ➡ ☐

2 3 ♥ ♠ ➡ ☐

3 1 ♣ ♣ ➡ ☐

4 6 ★ ★ ➡ ☐

5 9 ★ ♦ ➡ ☐

6 8 ♦ ♦ ➡ ☐

10을 모으기와 가르기

빨간색 자전거 5대와 파란색 자전거 5대가 있었는데 그중에서 학생들에게 3대를 빌려주었어요. 남은 자전거는 몇 대인가요?

5와 5를 모으면 10이에요.

10은 3과 7로 가를 수 있어요.

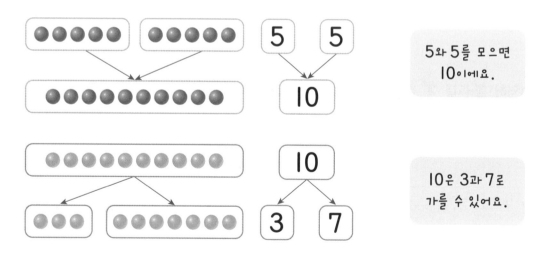

5와 5를 모으면 10이므로 자전거는 10대가 있었고,
10은 3과 7로 가를 수 있으므로 남은 자전거는 7대예요.

학습계획

일차	1일 학습	2일 학습	3일 학습	4일 학습	5일 학습
공부할 날	월 일	월 일	월 일	월 일	월 일

✅ 10으로 모으기

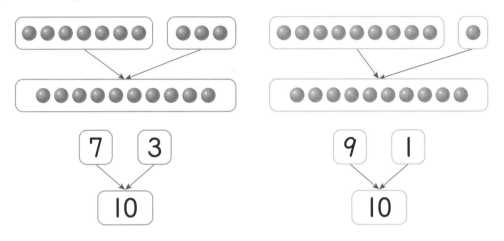

✅ 10을 가르기

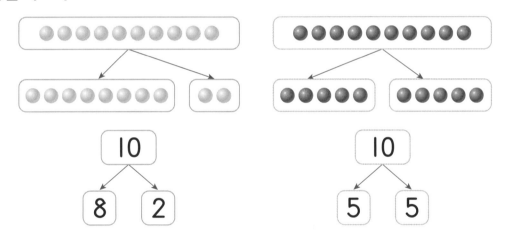

📓 개념 쏙쏙 노트

- 10으로 모으기

1	2	3	4	5	6	7	8	9	10
9	8	7	6	5	4	3	2	1	

- 10을 가르기

10	1	2	3	4	5	6	7	8	9
	9	8	7	6	5	4	3	2	1

10을 모으기와 가르기

 도전! 5분!

✏️ 그림을 보고 빈 곳에 알맞은 수를 써넣으세요.

1
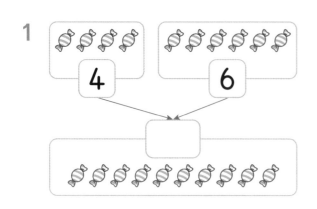

5
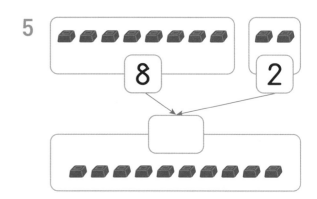

2
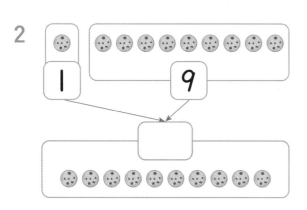

6
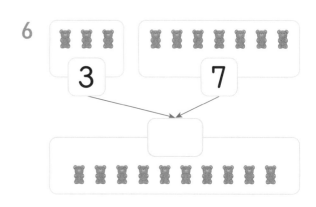

3
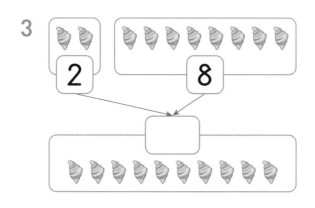

7
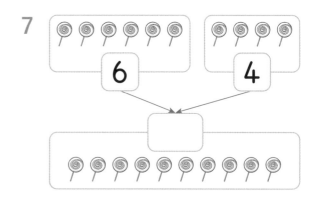

4
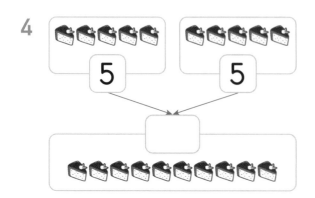

8
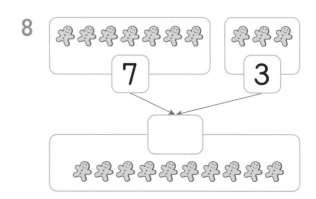

✏️ 빈 곳에 알맞은 수를 써넣으세요.

9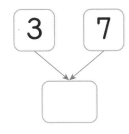

13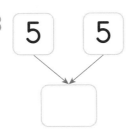

17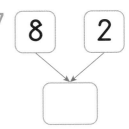

10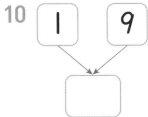

14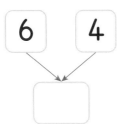

18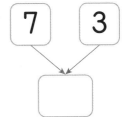

11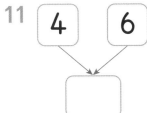

15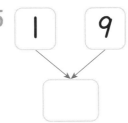

19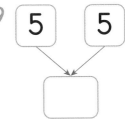

12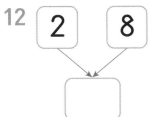

16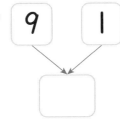

20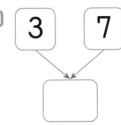

스스로 평가

21

10을 모으기와 가르기

✏️ 그림을 보고 빈 곳에 알맞은 수를 써넣으세요.

1
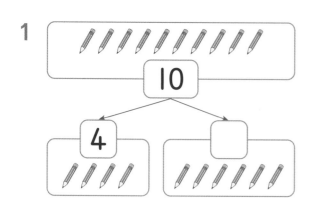

5
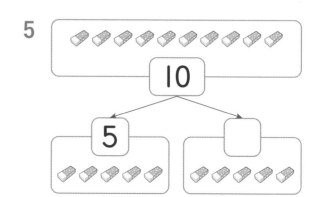

2
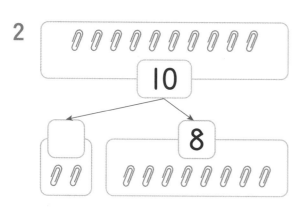

6
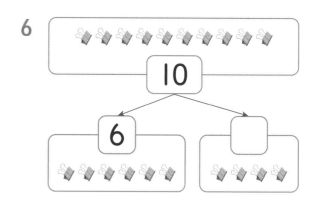

3
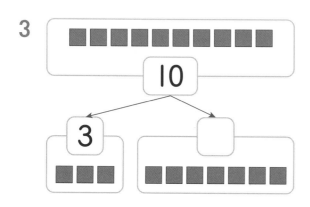

7
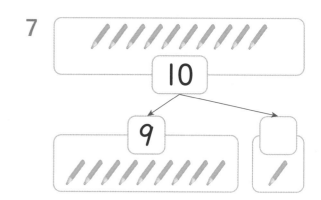

4
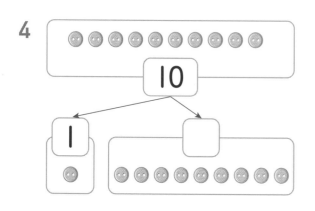

8
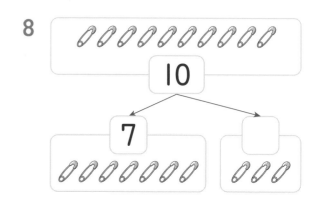

✏️ 빈 곳에 알맞은 수를 써넣으세요.

9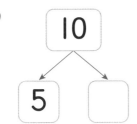

13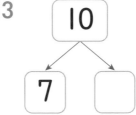

17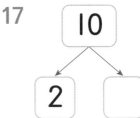

10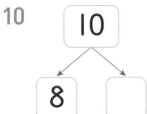

14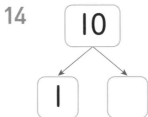

18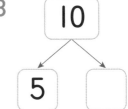

11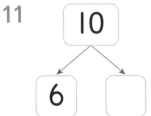

15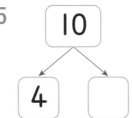

19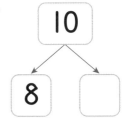

12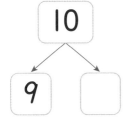

16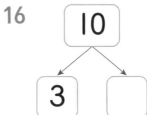

20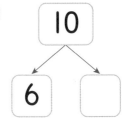

스스로 평가

23

10을 모으기와 가르기

✏️ 빈 곳에 알맞은 수를 써넣으세요.

1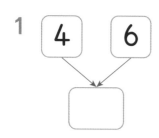

5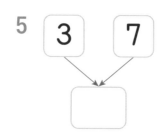

9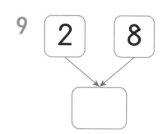

2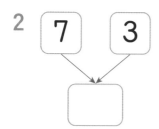

6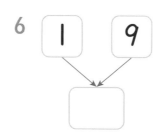

10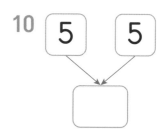

3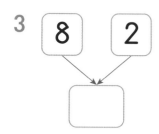

7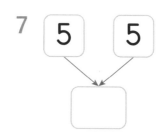

11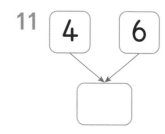

4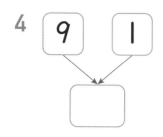

8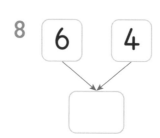

12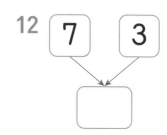

✏️ 빈 곳에 알맞은 수를 써넣으세요.

13
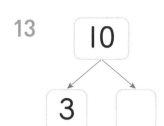

17
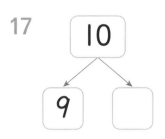

21
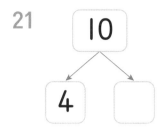

2
주

14
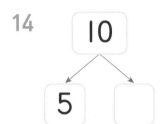

18

22

15

19
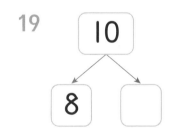

23
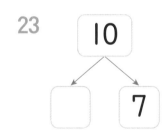

16

20

24
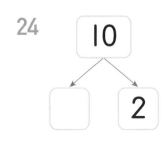

10을 모으기와 가르기

✏️ 빈 곳에 알맞은 수를 써넣으세요.

1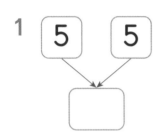

5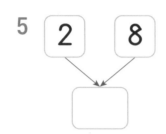

9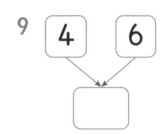

2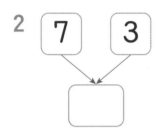

6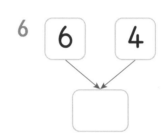

10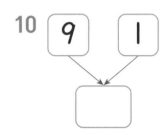

3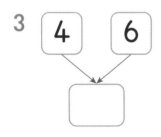

7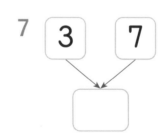

11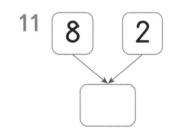

4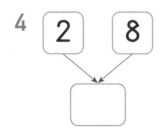

8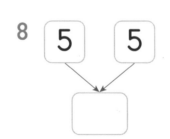

12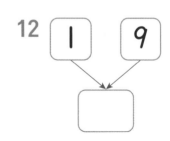

✏️ 빈 곳에 알맞은 수를 써넣으세요.

13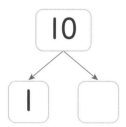

17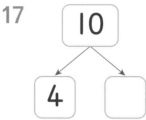

21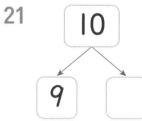

14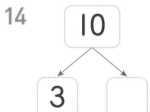

18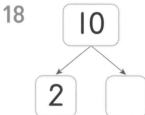

22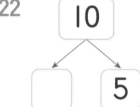

15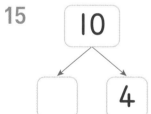

19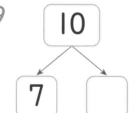

23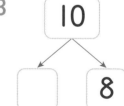

16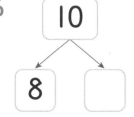

20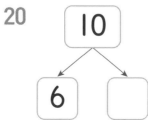

24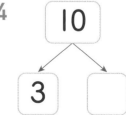

스스로 평가 😄 🙂 😞

✏️ 두 수를 모아 빈 곳에 알맞은 수를 써넣으세요.

1
2	8

6
3	7

2
4	6

7
1	9

3
7	3

8
6	4

4
8	2

9
7	3

5
5	5

10
9	1

✏️ 10을 가르기 하여 빈 곳에 알맞은 수를 써넣으세요.

11
10	7

16

12
10	4

17
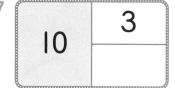

13
10	2

18
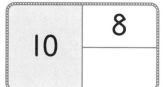

14
10	1

19

15

20
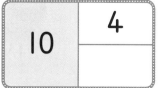

✎ 모아서 10이 되는 수끼리 선으로 이어 보세요.

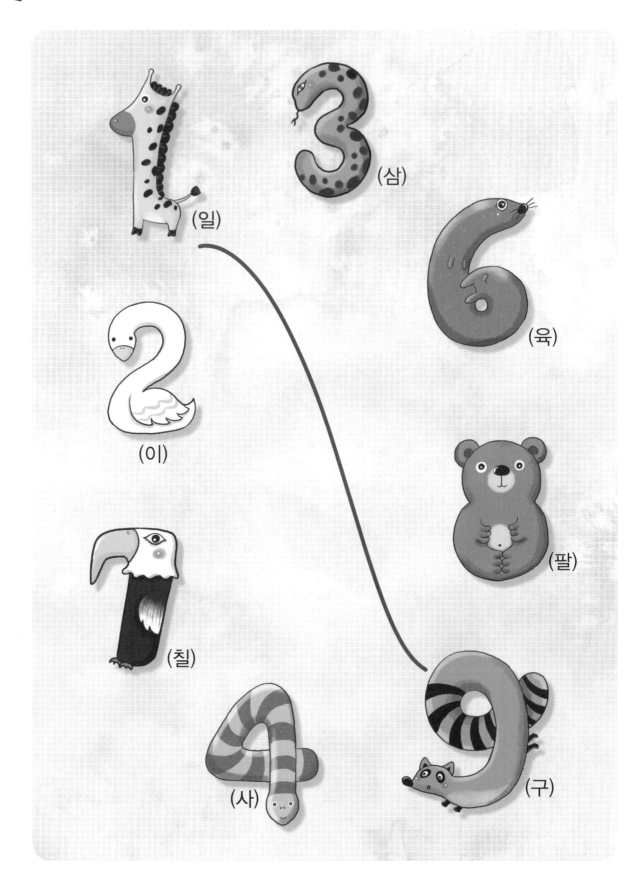

✎ 다람쥐 3마리가 각각 도토리 10개를 2개의 구덩이에 나누어 넣었어요. 빈 구덩이에 알맞은 수만큼 도토리 붙임 딱지를 붙여 보세요. 붙임딱지

3주 개념

10이 되는 덧셈, 10에서 빼는 뺄셈

✅ 트램펄린에서 5명의 학생들이 놀고 있었는데 5명이 더 왔어요. 트램펄린에서 놀고 있는 학생들은 모두 몇 명인가요?

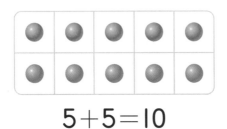

$$5+5=10$$

5+5=10이므로 트램펄린에서
놀고 있는 학생들은 모두 10명이에요.

✅ 트램펄린에서 10명의 학생들이 놀다가 3명이 집으로 돌아갔어요. 남은 학생들은 몇 명인가요?

$$10-3=7$$

10-3=7이므로
남은 학생들은 7명이에요.

일차	1일학습		2일학습		3일학습		4일 학습		5일학습	
공부할 날	월	일	월	일	월	일	월	일	월	일

✅ 10이 되는 덧셈

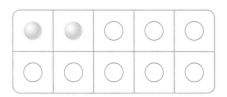

6개와 4개를 더하면 10개가 돼요.

$$6+4=\boxed{10}$$

2개에서 10개가 되려면 8개를 더 그리면 돼요.

$$2+\boxed{8}=10$$

✅ 10에서 빼는 뺄셈

10개에서 5개를 빼면 5개가 돼요.

$$10-5=\boxed{5}$$

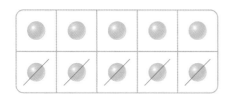

10개에서 6개가 되려면 4개를 빼면 돼요.

$$10-\boxed{4}=6$$

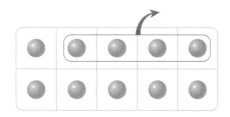

📓 개념 쏙쏙 노트

• 10이 되는 덧셈

1+9=10	2+8=10	3+7=10	4+6=10	5+5=10
6+4=10	7+3=10	8+2=10	9+1=10	

• 10에서 빼는 뺄셈

10-1=9	10-2=8	10-3=7	10-4=6	10-5=5
10-6=4	10-7=3	10-8=2	10-9=1	

10이 되는 덧셈,
10에서 빼는 뺄셈

✏️ 10개가 되도록 ◯를 그리고 ☐ 안에 알맞은 수를 써넣으세요.

1

$$8 + \boxed{} = 10$$

5

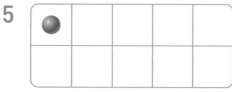

$$1 + \boxed{} = 10$$

2

$$4 + \boxed{} = 10$$

6

$$2 + \boxed{} = 10$$

3

$$5 + \boxed{} = 10$$

7

$$6 + \boxed{} = 10$$

4

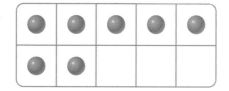

$$7 + \boxed{} = 10$$

8

$$3 + \boxed{} = 10$$

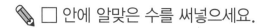 □ 안에 알맞은 수를 써넣으세요.

9   $9 + \boxed{} = 10$

16   $\boxed{} + 4 = 10$

23   $\boxed{} + 2 = 10$

10   $\boxed{} + 3 = 10$

17   $1 + \boxed{} = 10$

24   $3 + 7 = \boxed{}$

11   $5 + \boxed{} = 10$

18   $\boxed{} + 8 = 10$

25   $6 + \boxed{} = 10$

12   $2 + \boxed{} = 10$

19   $7 + \boxed{} = 10$

26   $\boxed{} + 1 = 10$

13   $4 + 6 = \boxed{}$

20   $5 + 5 = \boxed{}$

27   $8 + 2 = \boxed{}$

14   $\boxed{} + 7 = 10$

21   $\boxed{} + 6 = 10$

28   $3 + \boxed{} = 10$

15   $8 + \boxed{} = 10$

22   $1 + 9 = \boxed{}$

29   $\boxed{} + 5 = 10$

3주

스스로 평가 😄 ☺ 😞

✏️ 그림을 보고 ☐ 안에 알맞은 수를 써넣으세요.

1

$10 - 5 = $ ☐

2

$10 - 6 = $ ☐

3

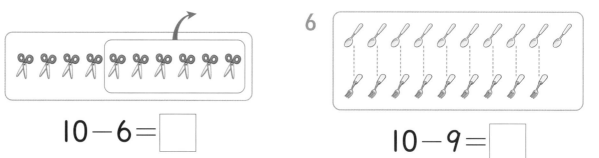

$10 - 7 = $ ☐

4

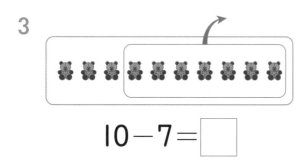

$10 - 2 = $ ☐

5

$10 - 3 = $ ☐

6

$10 - 9 = $ ☐

7

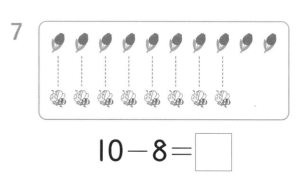

$10 - 8 = $ ☐

8

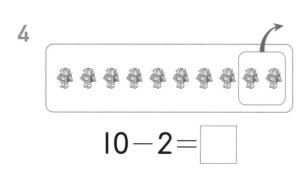
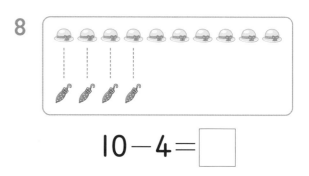

$10 - 4 = $ ☐

✎ □ 안에 알맞은 수를 써넣으세요.

9 $10-2=\boxed{}$

16 $10-7=\boxed{}$

23 $10-1=\boxed{}$

10 $10-\boxed{}=6$

17 $10-\boxed{}=2$

24 $10-\boxed{}=8$

11 $10-3=\boxed{}$

18 $10-\boxed{}=1$

25 $10-6=\boxed{}$

12 $10-5=\boxed{}$

19 $10-\boxed{}=8$

26 $10-\boxed{}=3$

13 $10-\boxed{}=4$

20 $10-\boxed{}=7$

27 $10-\boxed{}=2$

14 $10-8=\boxed{}$

21 $10-4=\boxed{}$

28 $10-9=\boxed{}$

15 $10-\boxed{}=9$

22 $10-\boxed{}=5$

29 $10-\boxed{}=6$

스스로 평가 ☺ ☺ ☹

✏️ □ 안에 알맞은 수를 써넣으세요.

1 $2+\boxed{}=10$

2 $6+\boxed{}=10$

3 $\boxed{}+7=10$

4 $1+9=\boxed{}$

5 $\boxed{}+6=10$

6 $\boxed{}+3=10$

7 $5+\boxed{}=10$

8 $9+\boxed{}=10$

9 $8+2=\boxed{}$

10 $5+5=\boxed{}$

11 $\boxed{}+8=10$

12 $1+\boxed{}=10$

13 $4+6=\boxed{}$

14 $3+\boxed{}=10$

15 $\boxed{}+2=10$

16 $7+\boxed{}=10$

17 $\boxed{}+4=10$

18 $\boxed{}+1=10$

19 $4+\boxed{}=10$

20 $3+7=\boxed{}$

21 $8+\boxed{}=10$

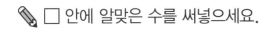
✏️ □ 안에 알맞은 수를 써넣으세요.

22 $10 - \square = 6$

29 $10 - \square = 3$

36 $10 - 6 = \square$

3
주

23 $10 - 1 = \square$

30 $10 - 8 = \square$

37 $10 - \square = 9$

24 $10 - \square = 7$

31 $10 - \square = 9$

38 $10 - 7 = \square$

25 $10 - 2 = \square$

32 $10 - 4 = \square$

39 $10 - \square = 1$

26 $10 - \square = 5$

33 $10 - 3 = \square$

40 $10 - \square = 2$

27 $10 - \square = 4$

34 $10 - \square = 8$

41 $10 - \square = 6$

28 $10 - 9 = \square$

35 $10 - 5 = \square$

42 $10 - 3 = \square$

✏️ □ 안에 알맞은 수를 써넣으세요.

1 $2+\square=10$

8 $7+\square=10$

15 $6+\square=10$

2 $\square+6=10$

9 $9+\square=10$

16 $\square+2=10$

3 $1+\square=10$

10 $4+\square=10$

17 $\square+3=10$

4 $5+5=\square$

11 $\square+8=10$

18 $\square+1=10$

5 $3+\square=10$

12 $\square+9=10$

19 $\square+5=10$

6 $\square+4=10$

13 $5+\square=10$

20 $6+\square=10$

7 $8+\square=10$

14 $\square+7=10$

21 $2+8=\square$

✏️ □ 안에 알맞은 수를 써넣으세요.

22 $10 - \boxed{} = 8$

29 $10 - 7 = \boxed{}$

36 $10 - \boxed{} = 4$

23 $10 - 4 = \boxed{}$

30 $10 - \boxed{} = 1$

37 $10 - 8 = \boxed{}$

24 $10 - \boxed{} = 9$

31 $10 - 2 = \boxed{}$

38 $10 - \boxed{} = 3$

25 $10 - 3 = \boxed{}$

32 $10 - \boxed{} = 6$

39 $10 - 9 = \boxed{}$

26 $10 - \boxed{} = 4$

33 $10 - 1 = \boxed{}$

40 $10 - \boxed{} = 5$

27 $10 - \boxed{} = 2$

34 $10 - \boxed{} = 7$

41 $10 - 5 = \boxed{}$

28 $10 - 6 = \boxed{}$

35 $10 - 8 = \boxed{}$

42 $10 - 7 = \boxed{}$

스스로
평가 😁 🙂 😞

도전! 6분!

✏️ □ 안에 알맞은 수를 써넣으세요.

1 2 → $+\square$ → 10

2 5 → $+5$ → □

3 8 → $+\square$ → 10

4 4 → $+\square$ → 10

5 7 → $+\square$ → 10

6 8 → $+2$ → □

7 9 → $+\square$ → 10

8 6 → $+4$ → □

9 3 → $+7$ → □

10 1 → $+\square$ → 10

✏️ ☐ 안에 알맞은 수를 써넣으세요.

11
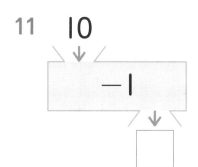
10
-1
☐

12
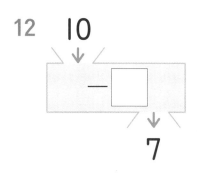
10
$-$ ☐
7

13
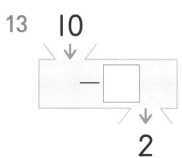
10
$-$ ☐
2

14
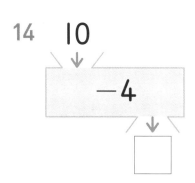
10
-4
☐

15
10
-8
☐

16
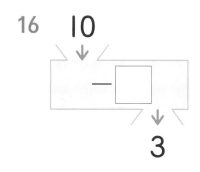
10
$-$ ☐
3

17
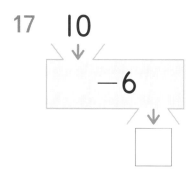
10
-6
☐

18
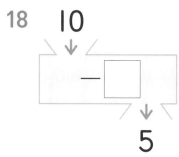
10
$-$ ☐
5

19
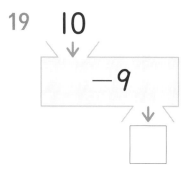
10
-9
☐

20
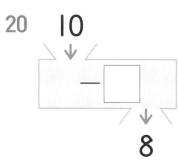
10
$-$ ☐
8

✏️ 계산 결과를 따라 길을 가 보세요.

✏️ 구슬의 두 수를 더하거나 빼서 아래의 수가 나오도록 하려고 해요. 빈 곳에 알맞은 구슬 붙임 딱지를 붙여 보세요. 붙임딱지

10을 만들어 더하기

✅ 수현이는 파란색 구슬 4개, 노란색 구슬 6개, 빨간색 구슬 3개로 팔찌를 만들었어요. 수현이가 팔찌를 만드는 데 사용한 구슬은 모두 몇 개인가요?

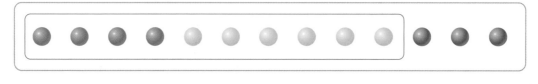

$$4 + 6 + 3$$

$$10 + 3 = \boxed{13}$$

4+6+3=13이므로 수현이가 팔찌를 만드는 데 사용한 구슬은 모두 13개예요.

✅ **앞의 두 수로 10을 만들어 더하기**

$$7+3+4$$
$$10+4=\boxed{14}$$

$$8+2+5$$
$$10+5=\boxed{15}$$

앞의 두 수를 더하면 10이 만들어지기 때문에 나머지 수를 쉽게 더할 수 있어요.

✅ **뒤의 두 수로 10을 만들어 더하기**

$$3+5+5$$
$$3+10=\boxed{13}$$

$$4+2+8$$
$$4+10=\boxed{14}$$

✅ **양 끝의 두 수로 10을 만들어 더하기**

$$9+2+1$$
$$10+2=\boxed{12}$$

$$6+5+4$$
$$10+5=\boxed{15}$$

합이 10이 되는 두 수를 먼저 계산해요.

📝 **개념 쏙쏙 노트**

- 10을 만들어 더하기
  ① 합이 10인 두 수를 찾아 먼저 더합니다.
  ② 10과 나머지 수를 더합니다.

10을 만들어 더하기

✎ □ 안에 알맞은 수를 써넣으세요.

1 2+8+5

　□+5=□

2 4+6+2

　□+2=□

3 1+9+8

　□+8=□

4 3+7+4

　□+4=□

5 5+5+6

　□+6=□

6 6+4+1

　□+1=□

7 7+3+9

　□+9=□

8 5+5+3

　□+3=□

9 8+2+7

　□+7=□

10 9+1+5

　□+5=□

✏️ 계산해 보세요.

11 $1+9+3$

12 $4+6+5$

13 $3+7+1$

14 $2+8+9$

15 $5+5+1$

16 $7+3+6$

17 $6+4+7$

18 $8+2+4$

19 $3+7+2$

20 $9+1+8$

21 $4+6+4$

22 $2+8+6$

23 $1+9+7$

24 $3+7+8$

25 $5+5+9$

26 $8+2+1$

27 $6+4+3$

28 $7+3+2$

29 $9+1+6$

30 $2+8+7$

31 $4+6+9$

✏️ ☐ 안에 알맞은 수를 써넣으세요.

1 3+6+4

3+☐=☐

2 8+3+7

8+☐=☐

3 2+1+9

2+☐=☐

4 6+5+5

6+☐=☐

5 4+4+6

4+☐=☐

6 9+8+2

9+☐=☐

7 1+9+1

1+☐=☐

8 7+2+8

7+☐=☐

9 1+6+4

1+☐=☐

10 5+7+3

5+☐=☐

✏️ 계산해 보세요.

11 5+2+8

12 3+4+6

13 6+3+7

14 3+1+9

15 8+5+5

16 9+6+4

17 8+7+3

18 2+9+1

19 1+7+3

20 7+8+2

21 5+4+6

22 3+3+7

23 7+1+9

24 4+8+2

25 1+2+8

26 2+6+4

27 1+5+5

28 2+7+3

29 5+8+2

30 8+4+6

31 6+9+1

4
주

스스로
평가　😄 🙂 🙁

✏️ ☐ 안에 알맞은 수를 써넣으세요.

1 7+4+3

☐+4=☐

2 5+4+5

☐+4=☐

3 1+7+9

☐+7=☐

4 3+2+7

☐+2=☐

5 4+1+6

☐+1=☐

6 2+5+8

☐+5=☐

7 9+6+1

☐+6=☐

8 6+3+4

☐+3=☐

9 8+9+2

☐+9=☐

10 7+8+3

☐+8=☐

✎ 계산해 보세요.

11 $6+7+4$

12 $2+4+8$

13 $7+5+3$

14 $1+4+9$

15 $5+1+5$

16 $3+8+7$

17 $6+2+4$

18 $9+2+1$

19 $4+9+6$

20 $5+2+5$

21 $8+5+2$

22 $3+6+7$

23 $5+7+5$

24 $1+3+9$

25 $2+3+8$

26 $6+4+4$

27 $7+1+3$

28 $4+3+6$

29 $9+5+1$

30 $8+2+2$

31 $7+9+3$

스스로 평가 ☺ ☺ ☹

10을 만들어 더하기

✏️ 합이 10이 되는 두 수를 ◯로 묶고, 세 수의 합을 구해 보세요.

1

1   4
9

$1+9+4=$ ☐

5

5   1
5

$5+5+1=$ ☐

2

5   5
6

$5+6+5=$ ☐

6

7   4
6

$7+6+4=$ ☐

3

4   8
2

$4+2+8=$ ☐

7

3   5
7

$3+7+5=$ ☐

4

7   3
9

$7+9+3=$ ☐

8

8   1
9

$8+9+1=$ ☐

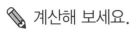 계산해 보세요.

9 5+1+5

10 9+4+1

11 8+4+6

12 8+6+2

13 5+7+3

14 2+8+5

15 6+9+4

16 2+3+8

17 3+6+7

18 1+9+2

19 5+2+5

20 8+2+3

21 8+3+7

22 3+5+5

23 6+4+1

24 7+9+1

25 3+7+5

26 9+2+8

27 4+6+7

28 6+1+9

29 7+4+3

55

5일 10을 만들어 더하기

✏️ 빈 곳에 알맞은 수를 써넣으세요.

1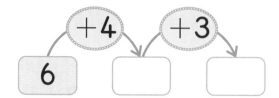

6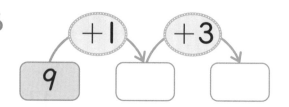

2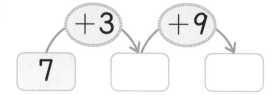

7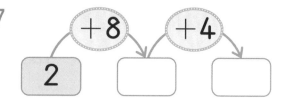

3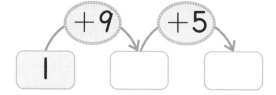

8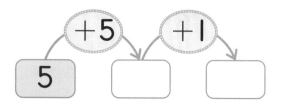

4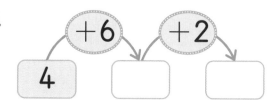

9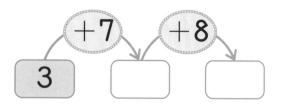

5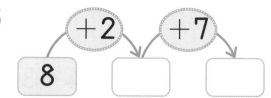

10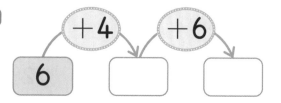

✏️ 세 수의 합을 빈 곳에 써넣으세요.

11

5	6	5

16

8	2	4

12

7	6	4

17

3	3	7

13

7	3	5

18

7	l	9

14

6	2	8

19

8	3	7

15

9	2	l

20

4	6	l

스스로 평가 😄 🙂 😞

57

✏️ 계산 결과가 같은 것끼리 선으로 이어 보세요.

8+2+3

6+3+7

5+6+4

2+8+7

5+7+5

9+3+1

6+9+1

3+5+7

같은 줄에 있는 같은 모양의 장식에 적힌 수끼리의 합이 10이 되도록 장식에 알맞은 수를 써넣고,  모양의 장식에 같은 줄에 있는 세 수의 합을 써넣으세요.

● 유진이는 엄마와 함께 마트에서 빨간색 파프리카 8개와 노란색 파프리카 6개를 샀어요. 산 파프리카를 2통에 나누어 담으려고 해요. 한 통에 파프리카를 9개 담는다면 나머지 한 통에 담는 파프리카는 몇 개인가요?

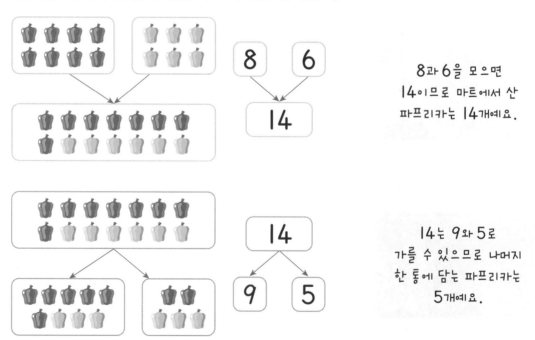

8과 6을 모으면 14이므로 마트에서 산 파프리카는 14개예요.

14는 9와 5로 가를 수 있으므로 나머지 한 통에 담는 파프리카는 5개예요.

학습계획

일차	1일 학습	2일 학습	3일 학습	4일 학습	5일 학습
공부할 날	월 일	월 일	월 일	월 일	월 일

✅ 10을 이용하여 모으기와 가르기

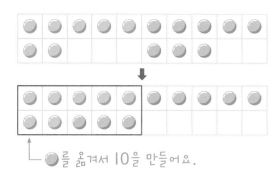

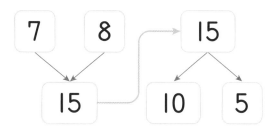

➡ 7과 8을 모으면 15예요.
   15는 10과 5로 가를 수 있어요.

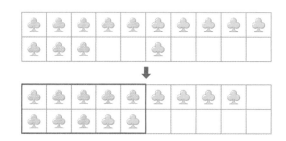

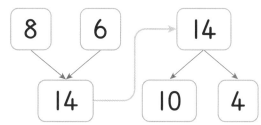

➡ 8과 6을 모으면 14예요.
   14는 10과 4로 가를 수 있어요.

✅ 10을 이용하여 모으고 가르기

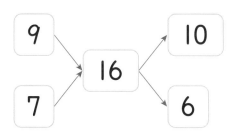

9와 7을 모으면 16이에요.
16은 10과 6으로 가를 수 있어요.

📒 개념 쏙쏙 노트

• 10을 이용하여 모으기와 가르기
  두 수를 모으면 얼마가 되는지 알아보고 그 수를 다시 10과 몇으로 갈라 봅니다.

✏️ 그림을 보고 빈 곳에 알맞은 수를 써넣으세요.

1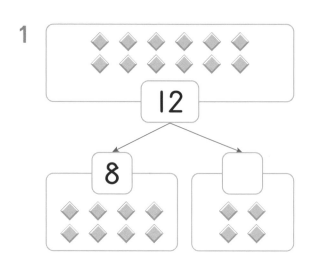

2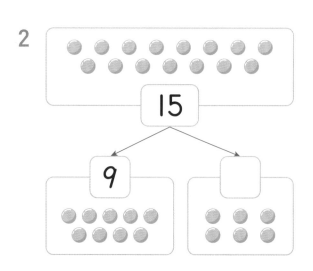

3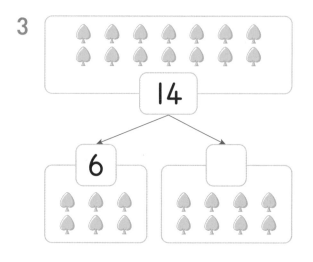

4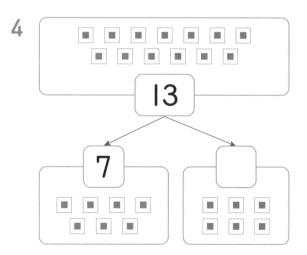

5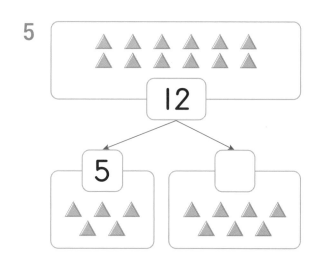

6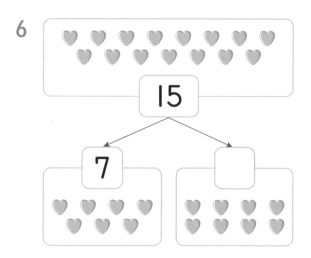

62

✏️ 빈 곳에 알맞은 수를 써넣으세요.

7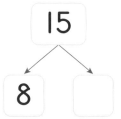

11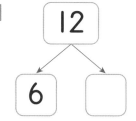

15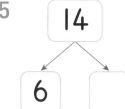

8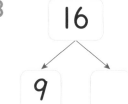

12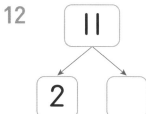

16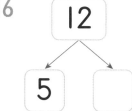

9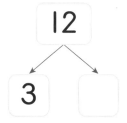

13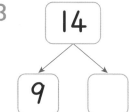

17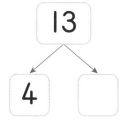

10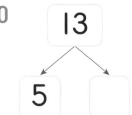

14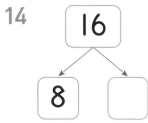

18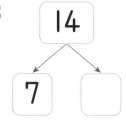

스스로 평가

10을 이용하여 모으기와 가르기

✏️ 그림을 보고 빈 곳에 알맞은 수를 써넣으세요.

1
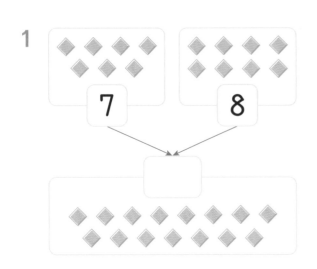

4
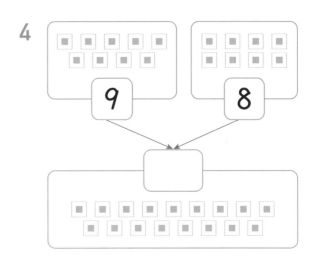

2
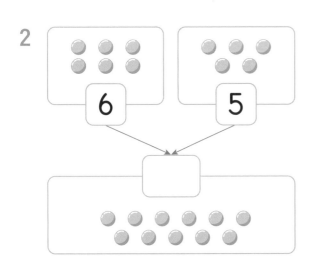

5
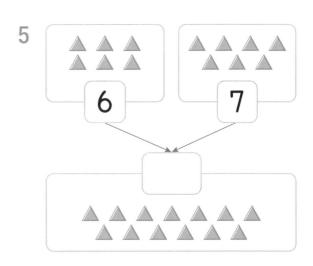

3
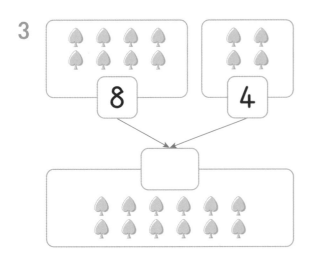

6
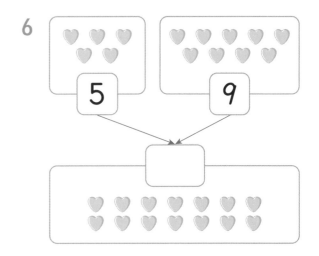

✏️ 빈 곳에 알맞은 수를 써넣으세요.

7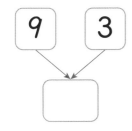

11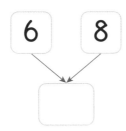

15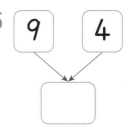

8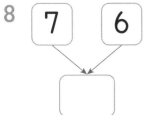

12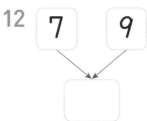

16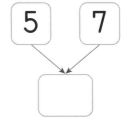

9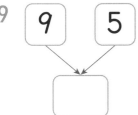

13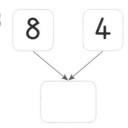

17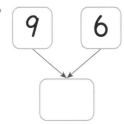

10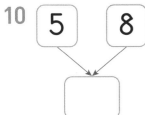

14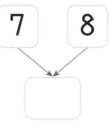

18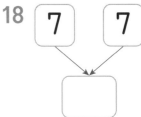

스스로 평가

✏️ 그림을 보고 10을 이용하여 모으기와 가르기를 해 보세요.

1
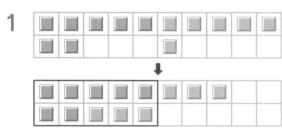

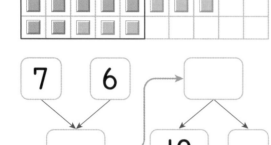

2
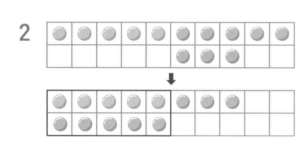

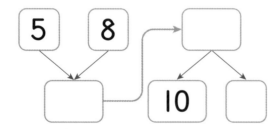

3
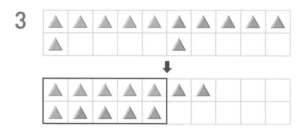

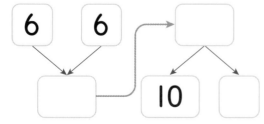

4
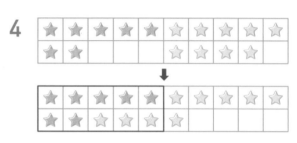

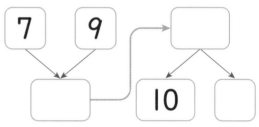

5
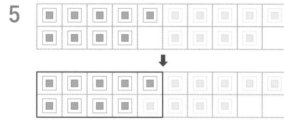

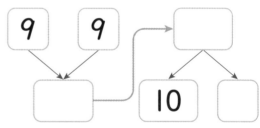

6
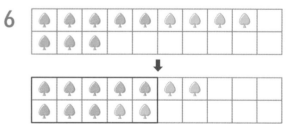

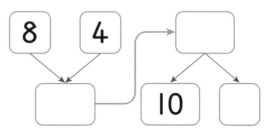

✏️ 빈 곳에 알맞은 수를 써넣으세요.

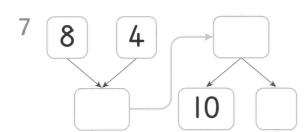

7

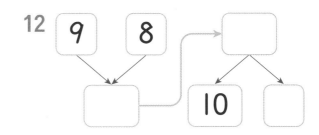

12

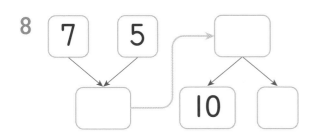

8

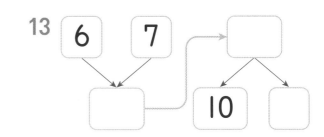

13

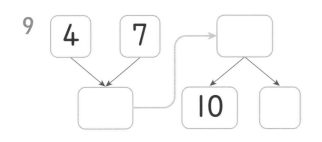

9

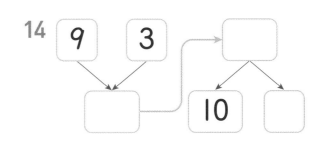

14

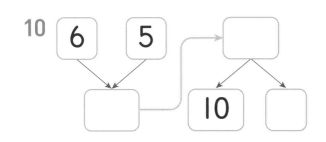

10

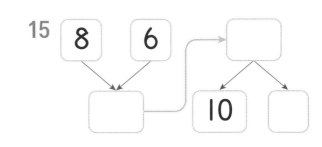

15

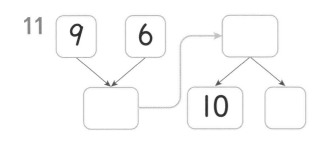

11

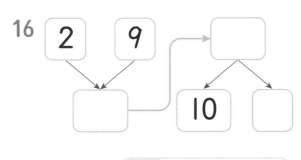

16

5주

10을 이용하여 모으기와 가르기

✏️ 그림을 보고 10을 이용하여 모으기와 가르기를 해 보세요.

1

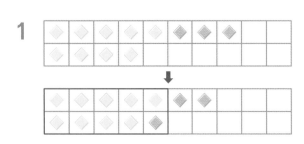

9 3 → ☐
↓
☐ 10 ☐

4

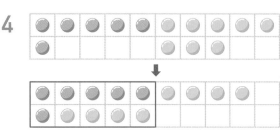

6 8 → ☐
↓
☐ 10 ☐

2

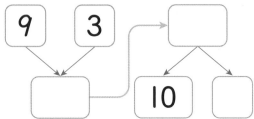
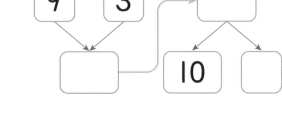

7 7 → ☐
↓
☐ 10 ☐

5

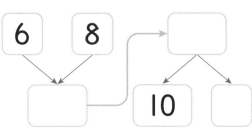

8 3 → ☐
↓
☐ 10 ☐

3

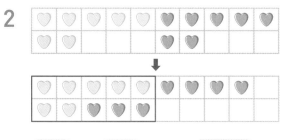
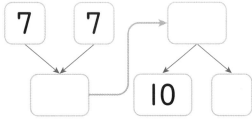

6 5 → ☐
↓
☐ 10 ☐

6

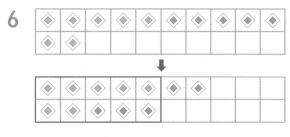
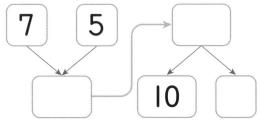

7 5 → ☐
↓
☐ 10 ☐

✏️ 빈 곳에 알맞은 수를 써넣으세요.

7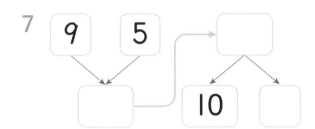

12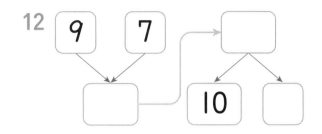

8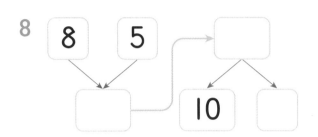

13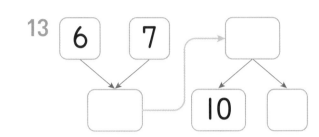

9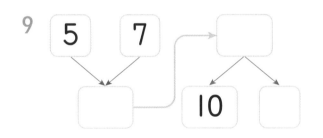

14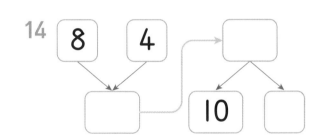

10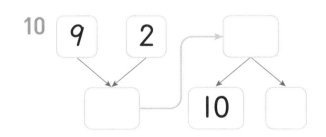

15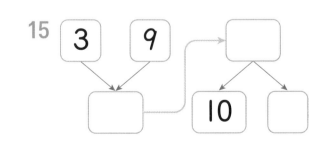

11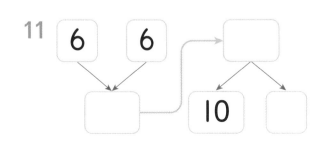

16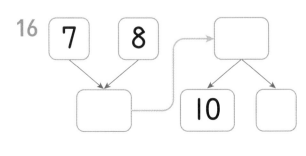

5주

스스로 평가　😄 ☺ ☹

✏️ 빈 곳에 알맞은 수를 써넣으세요.

1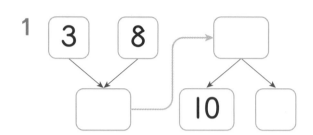

6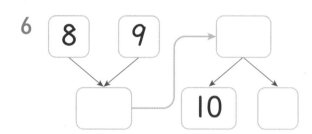

2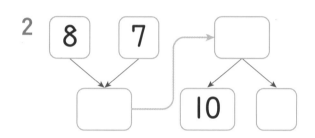

7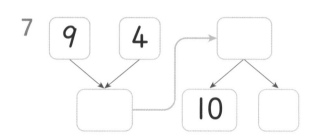

3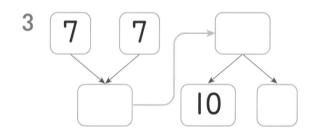

8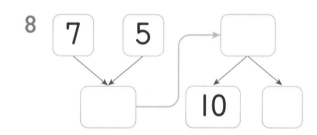

4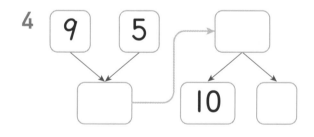

9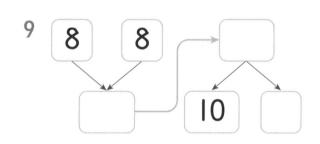

5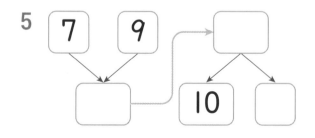

10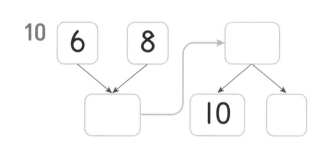

✏️ 빈 곳에 알맞은 수를 써넣으세요.

11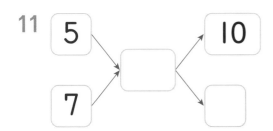

5
7
→ □
→ 10
→ □

16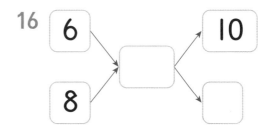

6
8
→ □
→ 10
→ □

12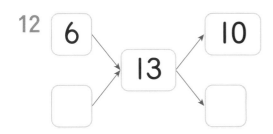

6
□
→ 13
→ 10
→ □

17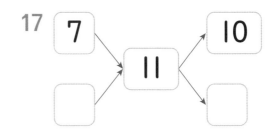

7
□
→ 11
→ 10
→ □

13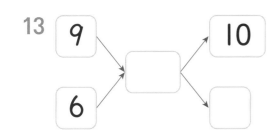

9
6
→ □
→ 10
→ □

18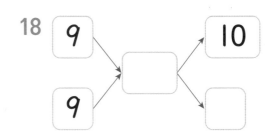

9
9
→ □
→ 10
→ □

14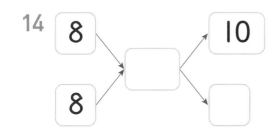

8
8
→ □
→ 10
→ □

19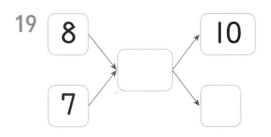

8
7
→ □
→ 10
→ □

15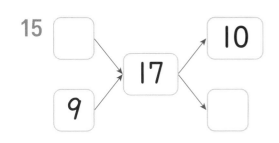

□
9
→ 17
→ 10
→ □

20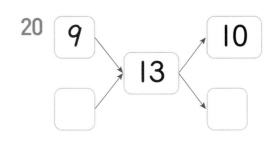

9
□
→ 13
→ 10
→ □

스스로 평가 😀 🙂 😞

71

✏️ 짝과 함께 수 카드 놀이를 해요. 각자 낸 두 수 카드를 모은 수가 같아지도록 책상 위에 알맞은 수 카드 붙임 딱지를 붙여 보세요. 붙임딱지

두 봉지에 들어 있는 과자를 합하여 10개씩 한 상자에 담으려고 합니다. 상자에 담고 남는 과자의 수만큼 접시에 ○로 그려 보고 몇 개인지 써 보세요.

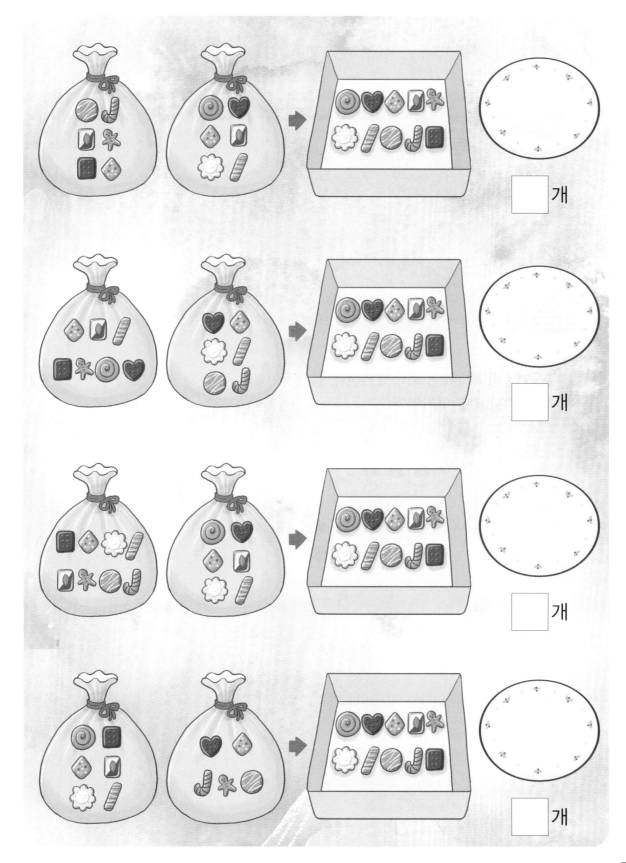

개

개

개

개

✅ 공원에 강아지가 8마리 있었는데 강아지가 4마리가 더 왔어요. 공원에 있는 강아지는 모두 몇 마리인가요?

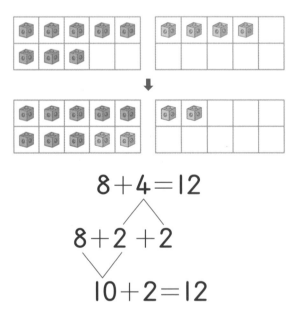

$$8+4=12$$

$$8+2\,+2$$

$$10+2=12$$

8＋4＝12이므로 공원에 있는 강아지는 모두 12마리예요.

학습계획

일차	1일 학습	2일 학습	3일 학습	4일 학습	5일 학습
공부할 날	월 일	월 일	월 일	월 일	월 일

✅ 받아올림이 있는 (몇)＋(몇)

• 뒤의 수를 가르기 하여 더하기

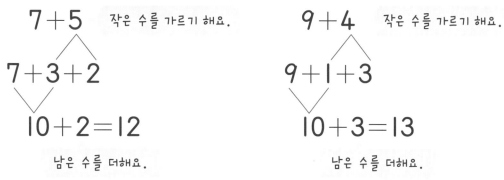

➡ 7과 더해서 10이 되는 수는 3이므로 5를 3과 2로 가르기 해요.

➡ 9와 더해서 10이 되는 수는 1이므로 4를 1과 3으로 가르기 해요.

• 앞의 수를 가르기 하여 더하기

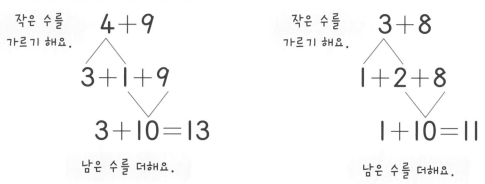

➡ 9와 더해서 10이 되는 수는 1이므로 4를 3과 1로 가르기 해요.

➡ 8과 더해서 10이 되는 수는 2이므로 3을 1과 2로 가르기 해요.

개념 쏙쏙 노트

• 받아올림이 있는 (몇)＋(몇)
① 둘 중 작은 수를 큰 수와 더해서 10이 되도록 가르기를 합니다.
② 10과 남은 수를 더합니다.

✏️ ☐ 안에 알맞은 수를 써넣으세요.

1
$$7+5$$
$$7+\boxed{}+2$$
$$10+2=\boxed{}$$

5
$$4+9$$
$$3+\boxed{}+9$$
$$3+10=\boxed{}$$

2
$$8+6$$
$$8+\boxed{}+4$$
$$10+4=\boxed{}$$

6
$$3+8$$
$$1+\boxed{}+8$$
$$1+10=\boxed{}$$

3
$$9+5$$
$$9+\boxed{}+4$$
$$10+4=\boxed{}$$

7
$$5+6$$
$$1+\boxed{}+6$$
$$1+10=\boxed{}$$

4
$$7+6$$
$$7+\boxed{}+3$$
$$10+3=\boxed{}$$

8
$$7+8$$
$$5+\boxed{}+8$$
$$5+10=\boxed{}$$

✏️ 계산해 보세요.

9 8+9

16 9+3

23 5+8

6
주

10 6+9

17 5+6

24 8+3

11 9+7

18 6+8

25 2+9

12 3+9

19 7+7

26 8+7

13 7+6

20 3+8

27 5+9

14 8+5

21 9+4

28 4+7

15 4+8

22 7+9

29 9+9

스스로
평가 😄 ☺️ 😟

77

도전! 9분!

✏️ □ 안에 알맞은 수를 써넣으세요.

1   7+4

$7+\boxed{}+1$

$10+1=\boxed{}$

2   9+2

$9+\boxed{}+1$

$10+1=\boxed{}$

3   8+4

$8+\boxed{}+2$

$10+2=\boxed{}$

4   9+4

$9+\boxed{}+3$

$10+3=\boxed{}$

5   5+8

$3+\boxed{}+8$

$3+10=\boxed{}$

6   8+8

$6+\boxed{}+8$

$6+10=\boxed{}$

7   3+9

$2+\boxed{}+9$

$2+10=\boxed{}$

8   6+7

$3+\boxed{}+7$

$3+10=\boxed{}$

✏️ 계산해 보세요.

9   2+9

10   8+5

11   5+7

12   6+8

13   9+7

14   8+6

15   9+9

16   6+5

17   6+9

18   9+5

19   7+4

20   4+9

21   8+3

22   6+6

23   7+8

24   8+7

25   4+8

26   7+9

27   9+8

28   5+9

29   9+3

6
주

스스로
평가

79

✏️ □ 안에 알맞은 수를 써넣으세요.

1
$$9+4$$
$$9+\boxed{}+3$$
$$10+3=\boxed{}$$

5
$$3+8$$
$$1+\boxed{}+8$$
$$1+10=\boxed{}$$

2
$$7+6$$
$$7+\boxed{}+3$$
$$10+3=\boxed{}$$

6
$$5+7$$
$$2+\boxed{}+7$$
$$2+10=\boxed{}$$

3
$$9+7$$
$$9+\boxed{}+6$$
$$10+6=\boxed{}$$

7
$$6+6$$
$$2+\boxed{}+6$$
$$2+10=\boxed{}$$

4
$$8+7$$
$$8+\boxed{}+5$$
$$10+5=\boxed{}$$

8
$$4+9$$
$$3+\boxed{}+9$$
$$3+10=\boxed{}$$

계산해 보세요.

6
주

9 7+4

10 4+9

11 9+8

12 6+7

13 7+8

14 8+9

15 6+6

16 8+8

17 7+5

18 9+6

19 4+8

20 9+9

21 7+6

22 2+9

23 5+9

24 8+5

25 3+9

26 6+8

27 9+5

28 5+7

29 8+7

스스로
평가

81

반복 4일 받아올림이 있는 (몇) + (몇)

도전! 9분!

✏️ □ 안에 알맞은 수를 써넣으세요.

1 8+7

8+□+5

10+5=□

2 6+5

6+□+1

10+1=□

3 9+3

9+□+2

10+2=□

4 7+7

7+□+4

10+4=□

5 6+9

5+□+9

5+10=□

6 5+7

2+□+7

2+10=□

7 4+7

1+□+7

1+10=□

8 4+8

2+□+8

2+10=□

✏️ 계산해 보세요.

9 9+3

16 6+7

23 9+7

10 6+5

17 7+8

24 4+8

11 5+9

18 9+4

25 4+7

12 7+5

19 5+8

26 6+6

13 8+6

20 6+9

27 9+9

14 4+9

21 8+9

28 6+8

15 7+4

22 5+6

29 7+7

✏️ 빈 곳에 알맞은 수를 써넣으세요.

1 5 │ +7 │

2 4 │ +9 │

3 8 │ +5 │

4 5 │ +9 │

5 4 │ +8 │

6 9 │ +6 │

7 7 │ +5 │

8 3 │ +9 │

9 7 │ +7 │

10 6 │ +7 │

✏️ 빈 곳에 알맞은 수를 써넣으세요.

11

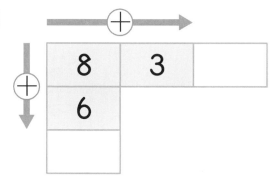

15

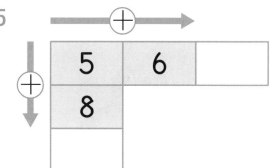

6주

12

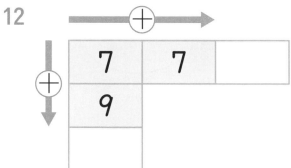

16

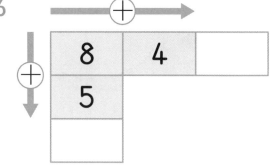

13

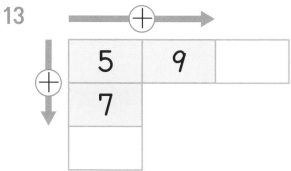

17

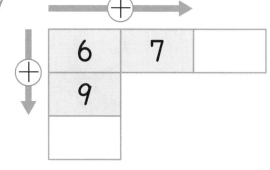

14

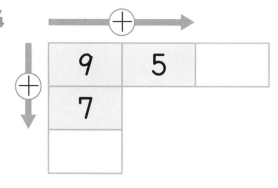

18

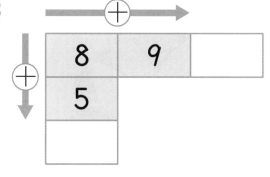

스스로 평가

85

계산 결과가 12인 잎을 밟고 개구리가 가족에게 가려고 해요. 개구리가 밟는 잎을 색칠하며 가 보세요.

6+5

8+6

7+5

9+3

9+5

8+4

4+9

8+7

7+7

6+6

8+5

9+2

5+7

5+6

✏️ 마야 수를 나타낸 것입니다. 빈 곳에 알맞은 마야 수 붙임 딱지를 붙여 보세요. [붙임딱지]

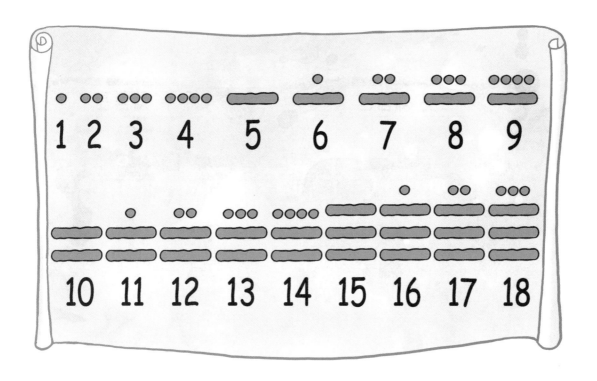

받아내림이 있는 (십몇) — (몇)

✅ 13명의 학생들 중에서 7명은 로봇 체험관에 가고 나머지 학생들은 우주 체험관에 가려고 해요. 우주 체험관에 가는 학생은 몇 명인가요?

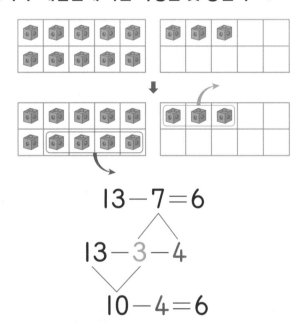

$$13-7=6$$
$$13-3-4$$
$$10-4=6$$

13—7=6이므로 우주 체험관에 가는 학생은 6명이에요.

학습계획

일차	1일 학습	2일 학습	3일 학습	4일 학습	5일 학습
공부할 날	월 일	월 일	월 일	월 일	월 일

✅ 받아내림이 있는 (십몇) − (몇)

뒤의 수를 가르기 해요.

$$14-8$$

$$14-4-4$$

$$10-4=6$$

남은 수를 빼요.

➡ 14에서 4를 빼면 10이 되므로
8을 4와 4로 가르기를 하고
14에서 4를 빼서 10을 만들고
10에서 나머지 수 4를 빼요.

앞의 수를 가르기 해요.

$$15-7$$

$$10-7+5$$

$$3+5=8$$

남은 수를 더해요.

➡ 15를 10과 5로 가르기를 하고
10에서 7을 뺀 다음 나머지 수 5를
더해요.

✅ 세로셈

십의 자리	일의 자리
	10
✗	3
−	5
	8

십의 자리	일의 자리
	10
✗	1
−	9
	2

➡ 일의 자리끼리 뺄 수 없을 때
에는 십의 자리에서 10을 받
아내림해요.
받아내림한 십의 자리에는
／를 표시하고 받아내림한
10은 일의 자리 위에 쓰고
계산해요.

📓 개념 쏙쏙 노트

• 받아내림이 있는 (십몇)−(몇)
① 빼는 수를 (십몇)에서 빼었을 때 10이 되도록 가르기 하여 계산합니다.
② (십몇)을 (십)과 (몇)으로 가르기 한 후 계산합니다.

✏️ ☐ 안에 알맞은 수를 써넣으세요.

1   12−5

12− ② − ③

☐ −3= ☐

2   16−8

16− ⑥ − ②

☐ −2= ☐

3   12−8

12− ② − ⑥

☐ −6= ☐

4   15−9

15− ⑤ − ④

☐ −4= ☐

5   11−4

⑩ −4+ ①

☐ +1= ☐

6   14−7

⑩ −7+ ④

☐ +4= ☐

7   13−6

⑩ −6+ ③

☐ +3= ☐

8   14−8

⑩ −8+ ④

☐ +4= ☐

🖊 계산해 보세요.

9 12−6

10 18−9

11 11−3

12 15−8

13 12−4

14 11−8

15 16−7

16 14−5

17 11−5

18 15−6

19 13−5

20 16−9

21 12−7

22 11−2

23 13−7

24 12−9

25 13−4

26 14−9

27 11−6

28 15−7

29 13−8

30 12−3

31 14−6

32 13−9

7
주

스스로
평가　😄　🙂　🙁

91

✏️ □ 안에 알맞은 수를 써넣으세요.

1   13−5

13− ③ − 2

□ −2= □

2   12−7

12− ② − 5

□ −5= □

3   14−5

14− ④ − 1

□ −1= □

4   11−9

11− ① − 8

□ −8= □

5   15−8

⑩ −8+ 5

□ +5= □

6   11−6

⑩ −6+ 1

□ +1= □

7   12−4

⑩ −4+ 2

□ +2= □

8   18−9

⑩ −9+ 8

□ +8= □

✏️ 계산해 보세요.

9 11 − 5

10 13 − 8

11 14 − 6

12 12 − 6

13 11 − 3

14 13 − 6

15 14 − 8

16 12 − 3

17 14 − 9

18 11 − 7

19 12 − 9

20 15 − 7

21 13 − 9

22 17 − 8

23 15 − 9

24 16 − 7

25 15 − 6

26 12 − 8

27 11 − 2

28 13 − 7

29 14 − 7

30 12 − 5

31 11 − 4

32 13 − 4

7
주

스스로
평가

✏️ 계산해 보세요.

1
```
   1 1
 -   4
```

2
```
   1 3
 -   8
```

3
```
   1 2
 -   6
```

4
```
   1 4
 -   5
```

5
```
   1 1
 -   3
```

6
```
   1 4
 -   7
```

7
```
   1 2
 -   9
```

8
```
   1 5
 -   7
```

9
```
   1 1
 -   9
```

10
```
   1 6
 -   8
```

11
```
   1 2
 -   5
```

12
```
   1 4
 -   6
```

13
```
   1 1
 -   2
```

14
```
   1 3
 -   9
```

15
```
   1 2
 -   7
```

✎ 계산해 보세요.

16 13−5

17 12−3

18 11−6

19 14−9

20 12−8

21 13−7

22 15−6

23 11−8

24 11−5

25 14−8

26 13−6

27 12−4

스스로 평가 😆 🙂 🙁

95

 계산해 보세요.

1
```
   1 7
-    8
-----
```

2
```
   1 4
-    9
-----
```

3
```
   1 3
-    5
-----
```

4
```
   1 2
-    5
-----
```

5
```
   1 6
-    9
-----
```

6
```
   1 2
-    3
-----
```

7
```
   1 3
-    7
-----
```

8
```
   1 4
-    8
-----
```

9
```
   1 5
-    9
-----
```

10
```
   1 2
-    6
-----
```

11
```
   1 3
-    4
-----
```

12
```
   1 2
-    4
-----
```

13
```
   1 7
-    9
-----
```

14
```
   1 4
-    7
-----
```

15
```
   1 3
-    6
-----
```

✏️ 계산해 보세요.

16 15 − 7

20 16 − 8

24 14 − 6

17 18 − 9

21 14 − 5

25 13 − 9

18 12 − 7

22 11 − 3

26 15 − 8

19 13 − 8

23 12 − 9

27 11 − 5

스스로 평가 😁 🙂 😞

97

받아내림이 있는 (십몇) ─ (몇)

✏️ 빈 곳에 알맞은 수를 써넣으세요.

1
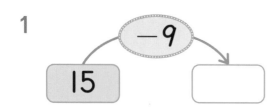
15 ─9

6
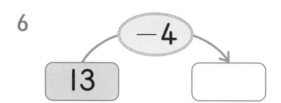
13 ─4

2
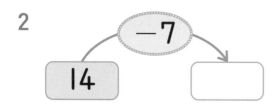
14 ─7

7
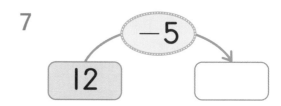
12 ─5

3
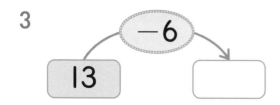
13 ─6

8
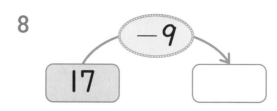
17 ─9

4
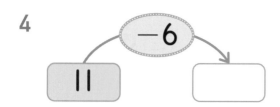
11 ─6

9
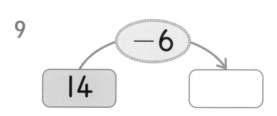
14 ─6

5
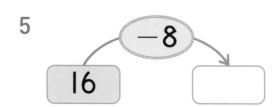
16 ─8

10
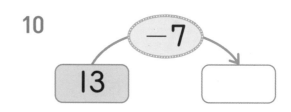
13 ─7

빈 곳에 두 수의 차를 써넣으세요.

11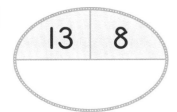

12

13

14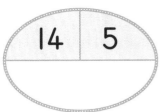

15

16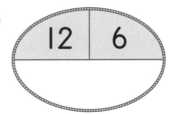

17

18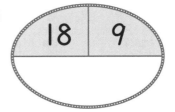

19

20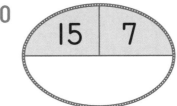

스스로 평가 😄 🙂 😞

✏️ □ 안에 계산 결과를 써넣고 계산 결과가 큰 것부터 차례로 이어 보세요.

$11-6=$ □

$15-8=$ □

$12-8=$ □

$12-9=$ □

$17-9=$ □

$18-9=$ □

$11-9=$ □

✏️ 계산 결과에 알맞은 색으로 칠해 보세요.

3	4	5	6

11−7

11−8
12−7
14−9
12−9

12−6

13−9

14−8   15−9

✅ 민영이가 9개의 구슬이 들어 있는 통에 몇 개의 구슬을 더 넣었더니 12개가 되었고 준기가 15개의 구슬 중에서 몇 개를 꺼냈더니 9개가 되었어요. 민영이가 통에 넣은 구슬의 수와 준기가 통에서 꺼낸 구슬의 수는 각각 몇 개인가요?

- 민영이가 통에 더 넣은 구슬을 □개라고 하면

$$9 + \square = 12$$

$$12 - 9 = \square \ \Rightarrow \ \square = 3$$

민영이가 통에 더 넣은
구슬은 3개예요.

- 준기가 통에서 꺼낸 구슬을 □개라고 하면

$$15 - \square = 9$$

$$15 - 9 = \square \ \Rightarrow \ \square = 6$$

준기가 통에서 꺼낸
구슬은 6개예요.

일차	1일 학습	2일 학습	3일 학습	4일 학습	5일 학습
공부할 날	월 일	월 일	월 일	월 일	월 일

✔ 덧셈식과 뺄셈식의 관계

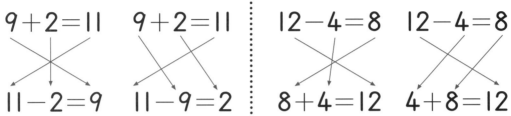

• 덧셈식을 뺄셈식으로 나타내기

$$9+2=11 \qquad 9+2=11$$

$$11-2=9 \qquad 11-9=2$$

• 뺄셈식을 덧셈식으로 나타내기

$$12-4=8 \qquad 12-4=8$$

$$8+4=12 \qquad 4+8=12$$

덧셈식은 2개의 뺄셈식, 뺄셈식은 2개의 덧셈식으로 나타낼 수 있어요.

✔ □의 값 구하기

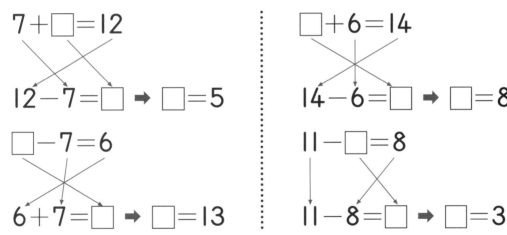

$$7+\square=12$$

$$12-7=\square \ \Rightarrow \ \square=5$$

$$\square-7=6$$

$$6+7=\square \ \Rightarrow \ \square=13$$

$$\square+6=14$$

$$14-6=\square \ \Rightarrow \ \square=8$$

$$11-\square=8$$

$$11-8=\square \ \Rightarrow \ \square=3$$

□를 =의 오른쪽에 오도록 식을 나타내요.

📒 개념 쏙쏙 노트

• 덧셈식과 뺄셈식의 관계

✏️ 덧셈식을 뺄셈식으로 나타내어 보세요.

1 $5+9=14$

$14-9=\boxed{}$

$14-\boxed{}=9$

5 $4+8=12$

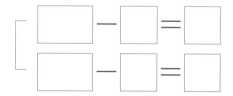

2 $6+7=13$

$13-\boxed{}=6$

$13-\boxed{}=7$

6 $9+6=15$

3 $8+3=11$

$11-3=\boxed{}$

$11-\boxed{}=\boxed{}$

7 $2+9=11$

$\boxed{}-\boxed{}=\boxed{}$

$\boxed{}-\boxed{}=\boxed{}$

4 $7+5=12$

$12-\boxed{}=\boxed{}$

$12-\boxed{}=7$

8 $5+8=13$

✏️ 뺄셈식을 덧셈식으로 나타내어 보세요.

9 $12-7=5$

$$5+7=\boxed{}$$
$$7+\boxed{}=\boxed{}$$

13 $15-8=7$

$$\boxed{}+\boxed{}=\boxed{}$$
$$\boxed{}+\boxed{}=\boxed{}$$

8 주

10 $14-8=6$

$$6+\boxed{}=\boxed{}$$
$$8+\boxed{}=\boxed{}$$

14 $13-7=6$

$$\boxed{}+\boxed{}=\boxed{}$$
$$\boxed{}+\boxed{}=\boxed{}$$

11 $17-9=8$

$$\boxed{}+9=\boxed{}$$
$$\boxed{}+8=\boxed{}$$

15 $16-9=7$

$$\boxed{}+\boxed{}=\boxed{}$$
$$\boxed{}+\boxed{}=\boxed{}$$

12 $11-4=7$

$$7+\boxed{}=\boxed{}$$
$$\boxed{}+\boxed{}=\boxed{}$$

16 $12-3=9$

$$\boxed{}+\boxed{}=\boxed{}$$
$$\boxed{}+\boxed{}=\boxed{}$$

스스로 평가

✏️ 덧셈식을 뺄셈식으로 나타내어 보세요.

1 $7+9=16$

$16-9=\boxed{}$

$16-\boxed{}=9$

2 $8+6=14$

$14-6=\boxed{}$

$\boxed{}-\boxed{}=\boxed{}$

3 $4+9=13$

$13-9=\boxed{}$

$13-\boxed{}=\boxed{}$

4 $5+6=11$

$\boxed{}-6=\boxed{}$

$11-\boxed{}=\boxed{}$

5 $9+3=12$

$\boxed{}-\boxed{}=\boxed{}$

$\boxed{}-\boxed{}=\boxed{}$

6 $7+6=13$

$\boxed{}-\boxed{}=\boxed{}$

$\boxed{}-\boxed{}=\boxed{}$

7 $9+8=17$

$\boxed{}-\boxed{}=\boxed{}$

$\boxed{}-\boxed{}=\boxed{}$

8 $6+8=14$

$\boxed{}-\boxed{}=\boxed{}$

$\boxed{}-\boxed{}=\boxed{}$

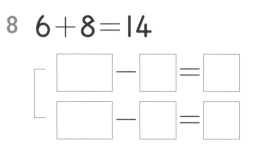

✏️ 뺄셈식을 덧셈식으로 나타내어 보세요.

9 $11-8=3$

$3+8=\boxed{}$

$8+\boxed{}=\boxed{}$

13 $17-8=9$

$\boxed{}+\boxed{}=\boxed{}$

$\boxed{}+\boxed{}=\boxed{}$

10 $13-4=9$

$9+\boxed{}=\boxed{}$

$4+\boxed{}=\boxed{}$

14 $12-4=8$

$\boxed{}+\boxed{}=\boxed{}$

$\boxed{}+\boxed{}=\boxed{}$

11 $14-9=5$

$5+\boxed{}=\boxed{}$

$\boxed{}+\boxed{}=\boxed{}$

15 $11-9=2$

$\boxed{}+\boxed{}=\boxed{}$

$\boxed{}+\boxed{}=\boxed{}$

12 $15-6=9$

$9+6=\boxed{}$

$\boxed{}+\boxed{}=\boxed{}$

16 $13-5=8$

$\boxed{}+\boxed{}=\boxed{}$

$\boxed{}+\boxed{}=\boxed{}$

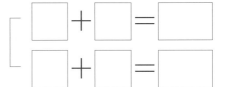

스스로 평가

107

도전! 14분!

✏️ □ 안에 알맞은 수를 써넣으세요.

1 $9 + \square = 11$

2 $3 + \square = 12$

3 $6 + \square = 13$

4 $5 + \square = 11$

5 $7 + \square = 16$

6 $8 + \square = 14$

7 $4 + \square = 12$

8 $\square + 8 = 13$

9 $\square + 4 = 11$

10 $\square + 6 = 15$

11 $\square + 7 = 12$

12 $\square + 9 = 18$

13 $\square + 7 = 15$

14 $\square + 5 = 13$

15 $7 + \square = 13$

16 $8 + \square = 12$

17 $\square + 6 = 12$

18 $\square + 9 = 13$

19 $9 + \square = 12$

20 $\square + 7 = 14$

21 $5 + \square = 14$

✏️ □ 안에 알맞은 수를 써넣으세요.

8
주

22   $15 - \boxed{} = 9$

29   $\boxed{} - 7 = 4$

36   $12 - \boxed{} = 6$

23   $12 - \boxed{} = 5$

30   $\boxed{} - 9 = 7$

37   $17 - \boxed{} = 8$

24   $13 - \boxed{} = 4$

31   $\boxed{} - 6 = 8$

38   $\boxed{} - 5 = 6$

25   $15 - \boxed{} = 8$

32   $\boxed{} - 7 = 6$

39   $\boxed{} - 8 = 7$

26   $11 - \boxed{} = 3$

33   $\boxed{} - 4 = 8$

40   $13 - \boxed{} = 5$

27   $14 - \boxed{} = 7$

34   $\boxed{} - 8 = 9$

41   $\boxed{} - 7 = 9$

28   $16 - \boxed{} = 8$

35   $\boxed{} - 5 = 9$

42   $11 - \boxed{} = 2$

스스로 평가 😄 🙂 ☹️

✏️ □ 안에 알맞은 수를 써넣으세요.

1 $6 + \boxed{} = 14$

2 $\boxed{} + 5 = 12$

3 $\boxed{} - 4 = 7$

4 $13 - \boxed{} = 8$

5 $3 + \boxed{} = 11$

6 $\boxed{} - 6 = 9$

7 $\boxed{} + 7 = 16$

8 $\boxed{} - 7 = 6$

9 $3 + \boxed{} = 12$

10 $\boxed{} + 5 = 11$

11 $14 - \boxed{} = 7$

12 $\boxed{} - 4 = 9$

13 $\boxed{} + 7 = 11$

14 $\boxed{} + 5 = 14$

15 $17 - \boxed{} = 9$

16 $\boxed{} + 3 = 11$

17 $\boxed{} - 4 = 8$

18 $9 + \boxed{} = 16$

19 $\boxed{} - 8 = 6$

20 $\boxed{} + 7 = 13$

21 $4 + \boxed{} = 12$

✎ □ 안에 알맞은 수를 써넣으세요.

22 □$-9=3$

23 □$+8=15$

24 $2+$□$=11$

25 $16-$□$=7$

26 $11-$□$=8$

27 □$+9=13$

28 □$-8=9$

29 □$+3=11$

30 $15-$□$=6$

31 □$+6=13$

32 □$-9=9$

33 $14-$□$=6$

34 □$-2=9$

35 □$+6=11$

36 □$-7=6$

37 $2+$□$=11$

38 □$+8=13$

39 □$-7=8$

40 □$+9=14$

41 □$-6=5$

42 $13-$□$=4$

스스로 평가 😆 🙂 😖

도전! 8분!

✏️ □ 안에 알맞은 수를 써넣으세요.

1
$7 \rightarrow + \square \rightarrow 11$

2
$6 \rightarrow + \square \rightarrow 14$

3
$\square \rightarrow + 3 \rightarrow 12$

4
$5 \rightarrow + \square \rightarrow 11$

5
$\square \rightarrow + 4 \rightarrow 12$

6
$2 \rightarrow + \square \rightarrow 11$

7
$\square \rightarrow + 8 \rightarrow 11$

8
$4 \rightarrow + \square \rightarrow 13$

9
$\square \rightarrow + 5 \rightarrow 12$

10
$6 \rightarrow + \square \rightarrow 13$

✎ □ 안에 알맞은 수를 써넣으세요.

11
17
↓
□ − □
↓
8

12
□
↓
□ − 8
↓
7

13
14
↓
□ − □
↓
8

14
□
↓
□ − 7
↓
6

15
16
↓
□ − □
↓
7

16
11
↓
□ − □
↓
8

17
□
↓
□ − 5
↓
9

18
□
↓
□ − 7
↓
5

19
15
↓
□ − □
↓
6

20
□
↓
□ − 4
↓
8

✏️ □ 안에 알맞은 수를 따라 길을 가 보세요.

✏️ 수 카드를 모두 사용하여 주어진 수를 만들어 보세요.

1

| 3 | 5 | 8 | 9 |

$$\boxed{3} + \boxed{8} = 11$$

$$\boxed{} + \boxed{} = 14$$

4

| 12 | 11 | 7 | 5 |

$$\boxed{} - \boxed{} = 5$$

$$\boxed{} - \boxed{} = 6$$

2

| 4 | 5 | 7 | 8 |

$$\boxed{} + \boxed{} = 11$$

$$\boxed{} + \boxed{} = 13$$

5

| 13 | 15 | 8 | 9 |

$$\boxed{} - \boxed{} = 5$$

$$\boxed{} - \boxed{} = 6$$

3

| 5 | 7 | 8 | 9 |

$$\boxed{} + \boxed{} = 12$$

$$\boxed{} + \boxed{} = 17$$

6

| 14 | 17 | 7 | 9 |

$$\boxed{} - \boxed{} = 7$$

$$\boxed{} - \boxed{} = 8$$

✅ 과수원에서 소미는 사과를 18개, 준형이는 6개를 땄어요. 소미와 준형이가 딴 사과는 모두 몇 개인가요?

① 8+6=14이므로 10은 십의 자리로 받아올림하여 십의 자리 위에 1을 작게 쓰고 일의 자리에 4를 써요.

② 받아올림한 1과 십의 자리 수 1을 더하면 1+1=2이므로 십의 자리에 2를 써요.

18+6=24이므로 소미와 준형이가 딴 사과는 모두 24개예요.

✅ 받아올림이 있는 (두 자리 수)＋(한 자리 수)

세로셈

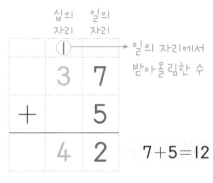

십의   일의
자리   자리

	①	
	3	7
＋		5
	4	2

→ 일의 자리에서 받아올림한 수

$7+5=12$

$3+1=4$

➡ 일의 자리의 합이 $7+5=12$이므로 10은 십의 자리로 받아올림해요. 받아올림한 1과 십의 자리 수 3을 더해서 십의 자리에 써요.

가로셈

$56+9=65$

십의   일의
자리   자리

	1	
	5	6
＋		9
	6	5

➡ 십의 자리와 일의 자리에 각각 수를 잘 맞추어 쓰고 계산해요.

 주의

	1	
	7	6
＋		8
	7	4	(×)

받아올림한 1을 십의 자리 수와 더하지 않았어요. 십의 자리로 받아올림한 수와 십의 자리 수를 꼭 더해요.

📒 개념 쏙쏙 노트

· 받아올림이 있는 (두 자리 수)＋(한 자리 수)
① 일의 자리 수끼리 더합니다.
② 일의 자리 수끼리의 합이 10이거나 10보다 크면 10을 받아올림합니다.
③ 받아올림한 수와 십의 자리 수를 더합니다.

도전! 10분!

✏️ 계산해 보세요.

1
```
    1 3
+     9
```

2
```
    4 2
+     8
```

3
```
    2 6
+     5
```

4
```
    3 9
+     7
```

5
```
    7 3
+     9
```

6
```
    5 3
+     8
```

7
```
    6 8
+     6
```

8
```
    7 5
+     9
```

9
```
    4 4
+     8
```

10
```
    5 5
+     7
```

11
```
    2 8
+     7
```

12
```
    3 7
+     5
```

13
```
    1 5
+     6
```

14
```
    8 6
+     6
```

15
```
    6 6
+     8
```

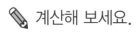 계산해 보세요.

16
```
  1 5
+   6
```

22
```
  6 3
+   8
```

28
```
  5 5
+   7
```

9 주

17
```
  6 4
+   9
```

23
```
  8 4
+   8
```

29
```
  3 9
+   4
```

18
```
  2 2
+   8
```

24
```
  5 9
+   2
```

30
```
  1 6
+   7
```

19
```
  3 8
+   9
```

25
```
  6 5
+   6
```

31
```
  8 3
+   8
```

20
```
  4 7
+   5
```

26
```
  1 7
+   4
```

32
```
  2 3
+   9
```

21
```
  5 8
+   6
```

27
```
  3 7
+   5
```

33
```
  7 7
+   7
```

스스로 평가

도전! 10분!

✏️ 계산해 보세요.

1
```
    1 4
+     7
───────
```

2
```
    5 2
+     9
───────
```

3
```
    2 5
+     9
───────
```

4
```
    6 3
+     8
───────
```

5
```
    4 7
+     7
───────
```

6
```
    8 7
+     8
───────
```

7
```
    3 4
+     8
───────
```

8
```
    7 6
+     7
───────
```

9
```
    3 8
+     4
───────
```

10
```
    8 5
+     8
───────
```

11
```
    2 3
+     7
───────
```

12
```
    6 5
+     6
───────
```

13
```
    1 8
+     5
───────
```

14
```
    5 4
+     9
───────
```

15
```
    4 9
+     3
───────
```

계산해 보세요.

9
주

16
```
  4 2
+   9
```

17
```
  1 4
+   8
```

18
```
  3 8
+   2
```

19
```
  2 9
+   4
```

20
```
  5 3
+   9
```

21
```
  6 5
+   8
```

22
```
  6 3
+   7
```

23
```
  7 9
+   2
```

24
```
  5 4
+   8
```

25
```
  1 3
+   9
```

26
```
  3 9
+   5
```

27
```
  4 4
+   9
```

28
```
  5 7
+   5
```

29
```
  8 8
+   4
```

30
```
  4 3
+   9
```

31
```
  6 4
+   7
```

32
```
  7 8
+   3
```

33
```
  8 9
+   6
```

스스로
평가

받아올림이 있는
(두 자리 수) + (한 자리 수)

도전! 10분!

 계산해 보세요.

1 23＋8

5 59＋3

9 19＋5

2 84＋6

6 46＋8

10 33＋9

3 17＋7

7 62＋9

11 24＋9

4 35＋8

8 77＋6

12 48＋3

✏️ 계산해 보세요.

13 46+5

14 36+6

15 19+2

16 67+7

17 79+4

18 78+5

19 45+8

20 24+7

21 66+8

22 43+9

23 85+7

24 12+8

25 86+9

26 27+3

27 18+3

28 57+5

29 25+6

30 35+8

31 44+9

32 76+6

33 56+4

스스로
평가

✏️ 계산해 보세요.

1 12+9

2 56+8

3 29+4

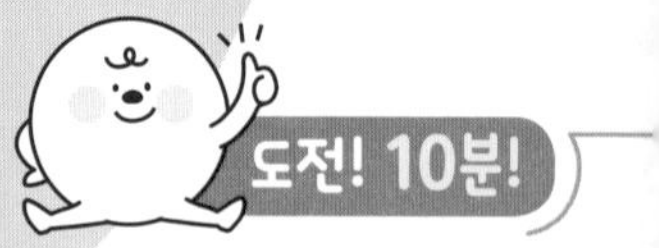

4 67+6

5 74+7

6 32+8

7 89+5

8 36+6

9 27+9

10 69+9

11 16+9

12 58+6

✏️ 계산해 보세요.

13 $58+4$

14 $76+6$

15 $33+9$

16 $83+8$

17 $19+6$

18 $49+5$

19 $68+9$

20 $23+8$

21 $45+9$

22 $86+5$

23 $59+2$

24 $34+8$

25 $25+7$

26 $73+8$

27 $32+9$

28 $69+3$

29 $24+9$

30 $48+6$

31 $74+8$

32 $18+3$

33 $37+4$

도전! 6분!

✎ 빈 곳에 알맞은 수를 써넣으세요.

1

36	8	

6

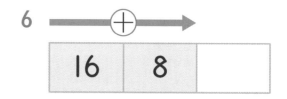

16	8	

2

58	6	

7

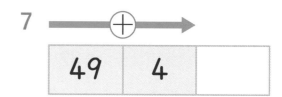

49	4	

3

17	5	

8

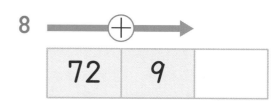

72	9	

4

65	7	

9

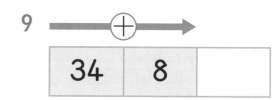

34	8	

5

43	9	

10

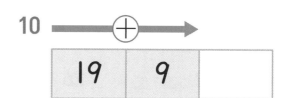

19	9	

✏️ 빈 곳에 두 수의 합을 써넣으세요.

11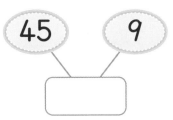

16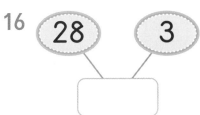

12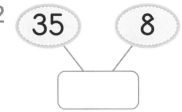

17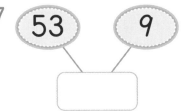

13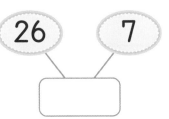

18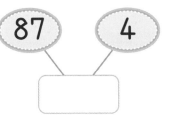

14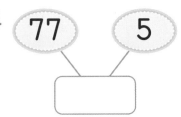

19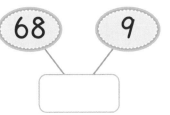

15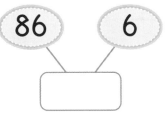

20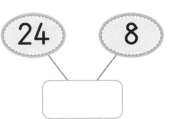

9주

스스로 평가 😄 🙂 😞

9주 생각 수학

✏️ 화살표를 따라 계산하여 빈 곳에 알맞은 수를 써넣으세요.

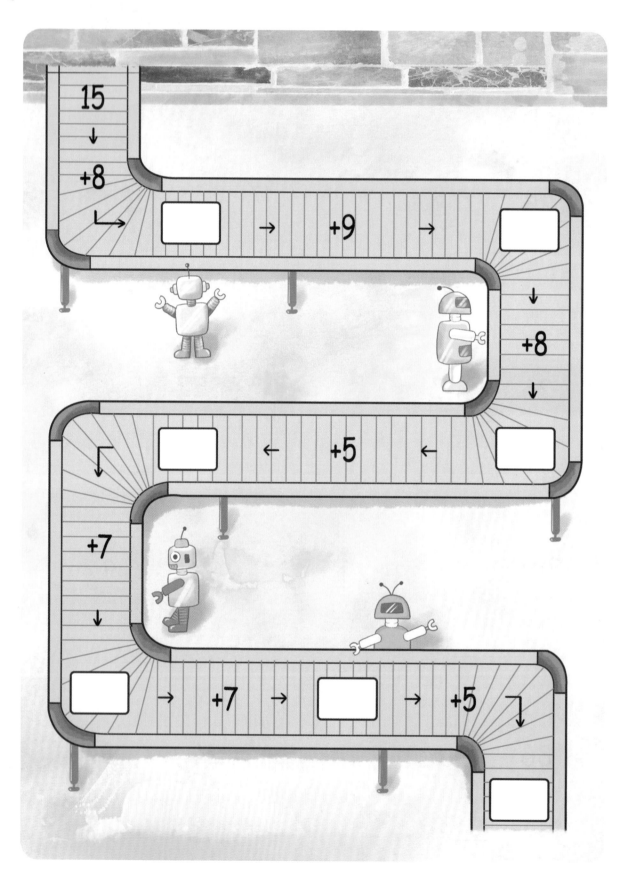

✏️ 계산을 하고 계산 결과가 작은 것부터 차례로 써 보세요.

37 + 9 = [ ] ➡ 레

35 + 7 = [ ] ➡ 베

49 + 6 = [ ] ➡ 트

43 + 8 = [ ] ➡ 스

28 + 6 = [ ] ➡ 에

세계에서 가장 높은 산은? [ ][ ][ ][ ][ ]산

☑️ 아이스크림 21개를 사 와서 친구들에게 나누어 주었더니 4개가 남았어요. 친구들에게 나누어 준 아이스크림은 몇 개인가요?

$$
\begin{array}{r} 2\ 1 \\ -\quad 4 \\ \hline \end{array}
\quad\rightarrow\quad
①\ \begin{array}{r} \overset{1}{\cancel{2}}\ \overset{10}{1} \\ -\qquad 4 \\ \hline 7 \end{array}
\quad\rightarrow\quad
②\ \begin{array}{r} \overset{1}{\cancel{2}}\ \overset{10}{1} \\ -\qquad 4 \\ \hline 1\ 7 \end{array}
$$

① 1에서 4를 뺄 수 없으므로 십의 자리에서 10을 받아내림하여 계산하면
   11−4=7이므로 일의 자리에 7을 써요.
② 받아내림하고 남은 1을 십의 자리에 써요.

21−4=17이므로 친구들에게 나누어 준 아이스크림은 17개예요.

✅ 받아내림이 있는 (두 자리 수) − (한 자리 수)

세로셈

	십의 자리	일의 자리
	4	10
	5̸	4
−		6
	4	8

$14-6=8$

받아내림하고 남은 수를 써요.

➡ 일의 자리 수끼리 뺄 수 없으므로 십의 자리에서 받아내림하면 $14-6=8$ 이므로 일의 자리에 8을 써요. 받아내림하고 남은 4를 십의 자리에 써요.

참고 일의 자리 계산에서 $10-6=4$, $4+4=8$로도 계산할 수 있어요.

가로셈

$$62-5=57$$

	십의 자리	일의 자리
	5	10
	6̸	2
−		5
	5	7

➡ 일의 자리 수끼리 뺄셈을 할 수 없으면 십의 자리에서 10을 받아내림하여 계산해요.

주의

	6	10
	7̸	3
−		7
	7	6	(×)

십의 자리에 받아내림하고 남은 수를 쓰지 않았어요. 받아내림한 십의 자리 수에 주의하여 계산해요.

 개념 쏙쏙 노트

• 받아내림이 있는 (두 자리 수) − (한 자리 수)
① 일의 자리 수끼리 뺄 수 없으므로 십의 자리에서 10을 받아내림하여 뺍니다.
② 받아내림하고 남은 수를 십의 자리에 씁니다.

도전! 10분!

✏️ 계산해 보세요.

1
$$\begin{array}{r} 2\ 0 \\ -\ \ 9 \\ \hline \end{array}$$

6
$$\begin{array}{r} 9\ 4 \\ -\ \ 5 \\ \hline \end{array}$$

11
$$\begin{array}{r} 6\ 2 \\ -\ \ 4 \\ \hline \end{array}$$

2
$$\begin{array}{r} 4\ 3 \\ -\ \ 4 \\ \hline \end{array}$$

7
$$\begin{array}{r} 8\ 0 \\ -\ \ 7 \\ \hline \end{array}$$

12
$$\begin{array}{r} 3\ 7 \\ -\ \ 9 \\ \hline \end{array}$$

3
$$\begin{array}{r} 8\ 6 \\ -\ \ 7 \\ \hline \end{array}$$

8
$$\begin{array}{r} 7\ 2 \\ -\ \ 8 \\ \hline \end{array}$$

13
$$\begin{array}{r} 5\ 3 \\ -\ \ 7 \\ \hline \end{array}$$

4
$$\begin{array}{r} 3\ 3 \\ -\ \ 8 \\ \hline \end{array}$$

9
$$\begin{array}{r} 2\ 1 \\ -\ \ 5 \\ \hline \end{array}$$

14
$$\begin{array}{r} 4\ 1 \\ -\ \ 7 \\ \hline \end{array}$$

5
$$\begin{array}{r} 6\ 5 \\ -\ \ 9 \\ \hline \end{array}$$

10
$$\begin{array}{r} 5\ 4 \\ -\ \ 6 \\ \hline \end{array}$$

15
$$\begin{array}{r} 7\ 6 \\ -\ \ 8 \\ \hline \end{array}$$

✏️ 계산해 보세요.

16
$$\begin{array}{r} 2\ 2 \\ -\ \ \ 5 \\ \hline \end{array}$$

22
$$\begin{array}{r} 8\ 3 \\ -\ \ \ 4 \\ \hline \end{array}$$

28
$$\begin{array}{r} 6\ 3 \\ -\ \ \ 8 \\ \hline \end{array}$$

17
$$\begin{array}{r} 9\ 4 \\ -\ \ \ 5 \\ \hline \end{array}$$

23
$$\begin{array}{r} 3\ 1 \\ -\ \ \ 7 \\ \hline \end{array}$$

29
$$\begin{array}{r} 4\ 5 \\ -\ \ \ 8 \\ \hline \end{array}$$

18
$$\begin{array}{r} 5\ 1 \\ -\ \ \ 3 \\ \hline \end{array}$$

24
$$\begin{array}{r} 6\ 8 \\ -\ \ \ 9 \\ \hline \end{array}$$

30
$$\begin{array}{r} 7\ 1 \\ -\ \ \ 8 \\ \hline \end{array}$$

19
$$\begin{array}{r} 3\ 4 \\ -\ \ \ 8 \\ \hline \end{array}$$

25
$$\begin{array}{r} 5\ 0 \\ -\ \ \ 3 \\ \hline \end{array}$$

31
$$\begin{array}{r} 2\ 4 \\ -\ \ \ 9 \\ \hline \end{array}$$

20
$$\begin{array}{r} 6\ 1 \\ -\ \ \ 9 \\ \hline \end{array}$$

26
$$\begin{array}{r} 4\ 1 \\ -\ \ \ 2 \\ \hline \end{array}$$

32
$$\begin{array}{r} 3\ 7 \\ -\ \ \ 8 \\ \hline \end{array}$$

21
$$\begin{array}{r} 7\ 6 \\ -\ \ \ 8 \\ \hline \end{array}$$

27
$$\begin{array}{r} 7\ 3 \\ -\ \ \ 5 \\ \hline \end{array}$$

33
$$\begin{array}{r} 5\ 2 \\ -\ \ \ 6 \\ \hline \end{array}$$

스스로
평가 😄 🙂 😞

도전! 10분!

✏️ 계산해 보세요.

1
```
    6 5
 −    9
 ───────
```

2
```
    4 3
 −    6
 ───────
```

3
```
    7 2
 −    5
 ───────
```

4
```
    2 6
 −    7
 ───────
```

5
```
    9 3
 −    4
 ───────
```

6
```
    8 2
 −    6
 ───────
```

7
```
    3 8
 −    9
 ───────
```

8
```
    5 1
 −    8
 ───────
```

9
```
    6 2
 −    8
 ───────
```

10
```
    7 5
 −    7
 ───────
```

11
```
    5 4
 −    5
 ───────
```

12
```
    2 3
 −    5
 ───────
```

13
```
    9 2
 −    7
 ───────
```

14
```
    4 7
 −    9
 ───────
```

15
```
    8 1
 −    5
 ───────
```

🖊 계산해 보세요.

16
```
  2 2
-   8
```

22
```
  9 0
-   6
```

28
```
  7 2
-   8
```

10 주

17
```
  4 3
-   4
```

23
```
  3 4
-   7
```

29
```
  8 3
-   6
```

18
```
  6 0
-   2
```

24
```
  4 2
-   3
```

30
```
  9 6
-   7
```

19
```
  7 7
-   9
```

25
```
  8 1
-   8
```

31
```
  5 2
-   9
```

20
```
  5 1
-   7
```

26
```
  6 5
-   7
```

32
```
  7 4
-   6
```

21
```
  3 3
-   5
```

27
```
  4 2
-   4
```

33
```
  2 3
-   7
```

스스로 평가 😄 ☺ 🙁

135

받아내림이 있는
(두 자리 수) − (한 자리 수)

도전! 10분!

✏️ 계산해 보세요.

1 85 − 8

5 22 − 5

9 65 − 7

2 43 − 6

6 38 − 9

10 54 − 7

3 74 − 8

7 61 − 4

11 83 − 5

4 96 − 9

8 40 − 6

12 31 − 6

✏️ 계산해 보세요.

13 60－4

14 75－9

15 82－7

16 41－5

17 96－9

18 82－4

19 23－5

20 82－9

21 96－7

22 84－8

23 34－6

24 51－6

25 23－9

26 65－6

27 34－7

28 42－3

29 21－4

30 77－9

31 30－8

32 55－7

33 42－8

스스로
평가 😄 🙂 🙁

✏️ 계산해 보세요.

1 62−4

5 53−8

9 74−7

2 83−7

6 31−4

10 27−8

3 46−8

7 84−6

11 93−9

4 94−8

8 52−3

12 61−6

✏️ 계산해 보세요.

13 87 − 9

14 57 − 8

15 42 − 6

16 74 − 8

17 50 − 7

18 23 − 8

19 61 − 5

20 73 − 9

21 91 − 3

22 85 − 9

23 94 − 6

24 32 − 7

25 46 − 8

26 70 − 9

27 55 − 6

28 72 − 4

29 83 − 7

30 61 − 4

31 98 − 9

32 82 − 5

33 64 − 5

스스로
평가

받아내림이 있는 (두 자리 수) − (한 자리 수)

도전! 6분!

✏️ 빈 곳에 알맞은 수를 써넣으세요.

1
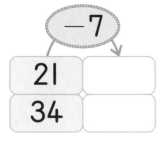

2
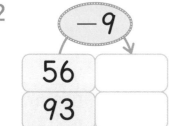

3
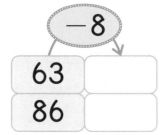

4
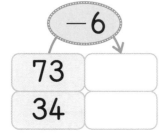

5
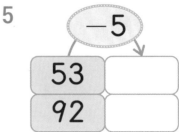

6
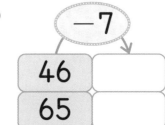

7
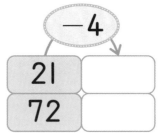

8
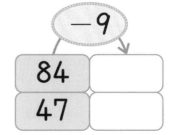

두 수의 차를 빈 곳에 써넣으세요.

9
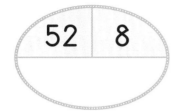

14
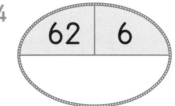

10

15
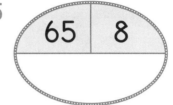

11
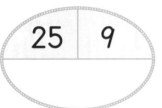

16

12
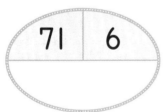

17
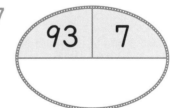

13
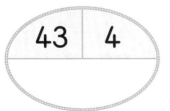

18
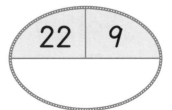

스스로
평가

141

✏️ 주어진 가로 · 세로 열쇠를 보고 퍼즐을 완성해 보세요.

가로 열쇠

① 52 − 6
② 63 − 6
③ 91 − 7
④ 71 − 9

세로 열쇠

㉠ 74 − 9
㉡ 83 − 5
㉢ 44 − 8
㉣ 33 − 5

계산 결과를 찾아 친구들에게 붙임 딱지를 붙여 옷을 입혀 보세요. 붙임딱지

2권	자연수의 덧셈과 뺄셈 (2)	일차	표준 시간	문제 개수
1주	세 수의 덧셈과 뺄셈	1일차	9분	29개
		2일차	9분	29개
		3일차	9분	29개
		4일차	9분	29개
		5일차	6분	15개
2주	10을 모으기와 가르기	1일차	5분	20개
		2일차	5분	20개
		3일차	6분	24개
		4일차	6분	24개
		5일차	5분	20개
3주	10이 되는 덧셈, 10에서 빼는 뺄셈	1일차	9분	29개
		2일차	9분	29개
		3일차	14분	42개
		4일차	14분	42개
		5일차	6분	20개
4주	10을 만들어 더하기	1일차	10분	31개
		2일차	10분	31개
		3일차	10분	31개
		4일차	10분	29개
		5일차	8분	20개
5주	10을 이용하여 모으기와 가르기	1일차	6분	18개
		2일차	6분	18개
		3일차	6분	16개
		4일차	6분	16개
		5일차	6분	20개
6주	받아올림이 있는 (몇) + (몇)	1일차	9분	29개
		2일차	9분	29개
		3일차	9분	29개
		4일차	9분	29개
		5일차	6분	18개
7주	받아내림이 있는 (십몇) − (몇)	1일차	10분	32개
		2일차	10분	32개
		3일차	9분	27개
		4일차	9분	27개
		5일차	7분	20개
8주	덧셈식과 뺄셈식의 관계, □의 값 구하기	1일차	8분	16개
		2일차	8분	16개
		3일차	14분	42개
		4일차	14분	42개
		5일차	8분	20개
9주	받아올림이 있는 (두 자리 수) + (한 자리 수)	1일차	10분	33개
		2일차	10분	33개
		3일차	10분	33개
		4일차	10분	33개
		5일차	6분	20개
10주	받아내림이 있는 (두 자리 수) − (한 자리 수)	1일차	10분	33개
		2일차	10분	33개
		3일차	10분	33개
		4일차	10분	33개
		5일차	6분	18개

메가 계산력 2권

31쪽

45쪽

72쪽

87쪽

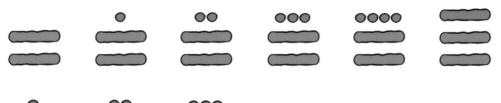

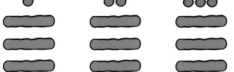

143쪽

1일10분
초등 메가
계산력

자기 주도 학습력을 높이는
1일 10분 습관의 힘

1일10분

초등 메가 계산력

2권

초등 1학년

자연수의 덧셈과 뺄셈 (2)

정답

메가스터디BOOKS

자기 주도 학습력을 높이는
1일 10분 습관의 힘

1일10분

초등 메가 계산력

2권

초등 1학년

자연수의 덧셈과 뺄셈 (2)

정답

메가 계산력 이것이 다릅니다!

수학, 왜 어려워할까요?

자연수

쉽게 느끼는 영역	어렵게 느끼는 영역
작은 수	큰 수
덧셈	뺄셈
덧셈, 뺄셈	곱셈, 나눗셈
곱셈	나눗셈
세 수의 덧셈, 세 수의 뺄셈	세 수의 덧셈과 뺄셈 혼합 계산
사칙연산의 혼합 계산	괄호를 포함한 혼합 계산

분수와 소수

쉽게 느끼는 영역	어렵게 느끼는 영역
배수	약수
통분	약분
소수의 덧셈, 뺄셈	분수의 덧셈, 뺄셈
분수의 곱셈, 나눗셈	소수의 곱셈, 나눗셈
분수의 곱셈과 나눗셈의 혼합계산	소수의 곱셈과 나눗셈의 혼합계산
사칙연산의 혼합 계산	괄호를 포함한 혼합 계산

아이들은 수와 연산을 습득하면서 나름의 난이도 기준이 생깁니다. 이때 '수학은 어려운 과목 또는 지루한 과목'이라는 덫에 한번 걸리면 트라우마가 되어 그 덫에서 벗어나기가 굉장히 어려워집니다.

"수학의 기본인 계산력이 부족하기 때문입니다."

계산력, "플로 스몰 스텝"으로 키운다!

1일 10분 초등 메가 계산력은 반복 학습 시스템 **"플로 스몰 스텝(flow small step)"**으로 구성하였습니다. **"플로 스몰 스텝(flow small step)"**이란, 학습 내용을 잘게 쪼개어 자연스럽게 단계를 밟아가며 학습하도록 하는 프로그램입니다. 이 방식에 따라 학습하다 보면 난이도가 높아지더라도 크게 어려움을 느끼지 않으면서 수학의 개념과 원리를 자연스럽게 깨우치게 되고, 수학을 어렵거나 지루한 과목이라고 느끼지 않게 됩니다.

1. 매일 꾸준히 하는 것이 중요합니다.

자전거 타는 방법을 한번 익히면 잘 잊어버리지 않습니다. 이것을 우리는 '체화되었다'라고 합니다. 자전거를 잘 타게 될 때까지 매일 넘어지고, 다시 달리고를 반복하기 때문입니다. 계산력도 마찬가지입니다.

계산의 원리와 순서를 이해해도 꾸준히 학습하지 않으면 바로 잊어버리기 쉽습니다. 계산을 잘하는 아이들은 문제 풀이 속도도 빠르고, 실수도 적습니다. 그것은 단기간에 얻을 수 있는 결과가 아닙니다. 지금 현재 잘하는 것처럼 보인다고 시간이 흐른 후에도 잘하는 것이 아닙니다. 자전거 타기가 완전히 체화되어서 자연스럽게 달리고 멈추기를 실수 없이 하게 될 때까지 매일 연습하듯, 계산력도 매일 꾸준히 연습해서 단련해야 합니다.

2. 빠른 것보다 정확하게 푸는 것이 중요합니다!

초등 교과 과정의 수학 교과서 "수와 연산" 영역에서는 문제에 대한 다양한 풀이법을 요구하고 있습니다. 왜 그럴까요?

기계적인 단순 반복 계산 훈련을 막기 위해서라기보다 더욱 빠르고 정확하게 문제를 해결하는 계산력 향상을 위해서입니다. 빠르고 정확한 계산을 하는 셈 방법에는 머리셈과 필산이 있습니다. 이제까지의 계산력 훈련으로는 손으로 직접 쓰는 필산만이 중요시되었습니다. 하지만 새 교육과정에서는 필산과 함께 머리셈을 더욱 강조하고 있으며 아이들에게도 이는 재미있는 도전이 될 것입니다. 그렇다고 해서 머리셈을 위한 계산 개념을 따로 공부해야 하는 것이 아닙니다. 체계적인 흐름에 따라 문제를 풀면서 자연스럽게 습득할 수 있어야 합니다.

초등 교과 과정에 맞춰 체계화된 1일 10분 초등 메가 계산력의 **"플로 스몰 스텝(flow small step)"** 프로그램으로 계산력을 키워 주세요.

계산력 향상은 중·고등 수학까지 연결되는 사고력 확장의 단단한 바탕입니다.

1일

6쪽
1 6 / 3 / 3, 6
2 5 / 3 / 3, 5
3 9 / 7 / 7, 9
4 7 / 5 / 5, 7
5 9 / 5 / 5, 9
6 7 / 5 / 5, 7
7 9 / 6 / 6, 9
8 8 / 6 / 6, 8

7쪽
9 4
10 9
11 6
12 9
13 7
14 9
15 9
16 9
17 5
18 8
19 8
20 9
21 9
22 8
23 9
24 8
25 8
26 8
27 6
28 7
29 9

2일

8쪽
1 6 / 4 / 4, 6
2 8 / 2 / 2, 8
3 9 / 8 / 8, 9
4 8 / 7 / 7, 8
5 9 / 7 / 7, 9
6 8 / 3 / 3, 8
7 5 / 4 / 4, 5
8 7 / 5 / 5, 7

9쪽
9 3
10 9
11 7
12 8
13 8
14 7
15 7
16 9
17 5
18 9
19 6
20 9
21 7
22 7
23 8
24 8
25 8
26 9
27 9
28 7
29 5

3일

10쪽
1 0 / 3 / 3, 0
2 1 / 2 / 2, 1
3 1 / 3 / 3, 1
4 1 / 6 / 6, 1
5 1 / 3 / 3, 1
6 3 / 3 / 3, 3
7 3 / 5 / 5, 3
8 1 / 4 / 4, 1

11쪽
9 0
10 1
11 2
12 2
13 1
14 2
15 1
16 2
17 1
18 1
19 0
20 3
21 4
22 0
23 3
24 0
25 2
26 3
27 0
28 2
29 2

1	0 / 2 / 2, 0	5	2 / 5 / 5, 2	**12쪽**
2	1 / 4 / 4, 1	6	3 / 7 / 7, 3	
3	2 / 3 / 3, 2	7	0 / 6 / 6, 0	
4	3 / 5 / 5, 3	8	4 / 6 / 6, 4	

						13쪽
9	1	16	2	23	0	
10	1	17	1	24	2	
11	1	18	1	25	1	
12	2	19	1	26	0	
13	1	20	2	27	3	
14	2	21	0	28	3	
15	1	22	1	29	1	

1	3, 7	**14쪽**
2	7, 9	
3	5, 9	
4	7, 8	
5	7, 9	

				15쪽
6	1	11	1	
7	0	12	1	
8	2	13	0	
9	3	14	3	
10	1	15	1	

생각 수학

16쪽

17쪽

1일

			20쪽					21쪽
1 10	5 10			9 10	13 10	17 10	
2 10	6 10			10 10	14 10	18 10	
3 10	7 10			11 10	15 10	19 10	
4 10	8 10			12 10	16 10	20 10	

2일

		22쪽				23쪽
1 6	5 5		9 5	13 3	17 8	
2 2	6 4		10 2	14 9	18 5	
3 7	7 1		11 4	15 6	19 2	
4 9	8 3		12 1	16 7	20 4	

3일

			24쪽			25쪽
1 10	5 10	9 10		13 7	17 1	21 6
2 10	6 10	10 10		14 5	18 3	22 9
3 10	7 10	11 10		15 4	19 2	23 3
4 10	8 10	12 10		16 8	20 5	24 8

4일

1	10	5	10	9	10	13	9	
2	10	6	10	10	10	14	7	
3	10	7	10	11	10	15	6	
4	10	8	10	12	10	16	2	

17	6	21	1
18	8	22	5
19	3	23	2
20	4	24	7

5일

1	10	6	10
2	10	7	10
3	10	8	10
4	10	9	10
5	10	10	10

11	3	16	4
12	6	17	7
13	8	18	2
14	9	19	1
15	5	20	6

생각 수학

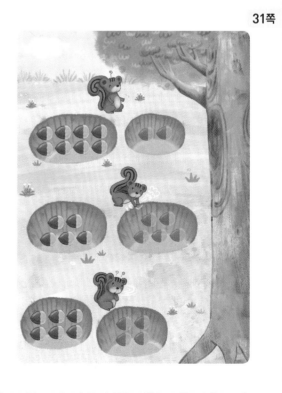

1일

34쪽

1. ○○ / 2
2. ○○○○○○ / 6
3. ○○○○○ / 5
4. ○○○ / 3
5. ○○○○○○○○○ / 9
6. ○○○○○○○○ / 8
7. ○○○○ / 4
8. ○○○○○○○ / 7

35쪽

9. 1
10. 7
11. 5
12. 8
13. 10
14. 3
15. 2
16. 6
17. 9
18. 2
19. 3
20. 10
21. 4
22. 10
23. 8
24. 10
25. 4
26. 9
27. 10
28. 7
29. 5

2일

36쪽

1. 5
2. 4
3. 3
4. 8
5. 7
6. 1
7. 2
8. 6

37쪽

9. 8
10. 4
11. 7
12. 5
13. 6
14. 2
15. 1
16. 3
17. 8
18. 9
19. 2
20. 3
21. 6
22. 5
23. 9
24. 2
25. 4
26. 7
27. 8
28. 1
29. 4

3일

38쪽

1. 8
2. 4
3. 3
4. 10
5. 4
6. 7
7. 5
8. 1
9. 10
10. 10
11. 2
12. 9
13. 10
14. 7
15. 8
16. 3
17. 6
18. 9
19. 6
20. 10
21. 2

39쪽

22. 4
23. 9
24. 3
25. 8
26. 5
27. 6
28. 1
29. 7
30. 2
31. 1
32. 6
33. 7
34. 2
35. 5
36. 4
37. 1
38. 3
39. 9
40. 8
41. 4
42. 7

생각수학

44쪽

45쪽

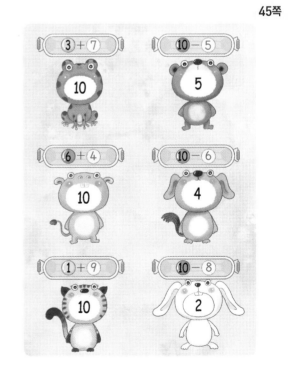

9

1일

				48쪽
1	10, 15	6	10, 11	
2	10, 12	7	10, 19	
3	10, 18	8	10, 13	
4	10, 14	9	10, 17	
5	10, 16	10	10, 15	

						49쪽
11	13	18	14	25	19	
12	15	19	12	26	11	
13	11	20	18	27	13	
14	19	21	14	28	12	
15	11	22	16	29	16	
16	16	23	17	30	17	
17	17	24	18	31	19	

2일

				50쪽
1	10, 13	6	10, 19	
2	10, 18	7	10, 11	
3	10, 12	8	10, 17	
4	10, 16	9	10, 11	
5	10, 14	10	10, 15	

						51쪽
11	15	18	12	25	11	
12	13	19	11	26	12	
13	16	20	17	27	11	
14	13	21	15	28	12	
15	18	22	13	29	15	
16	19	23	17	30	18	
17	18	24	14	31	16	

3일

				52쪽
1	10, 14	6	10, 15	
2	10, 14	7	10, 16	
3	10, 17	8	10, 13	
4	10, 12	9	10, 19	
5	10, 11	10	10, 18	

						53쪽
11	17	18	12	25	13	
12	14	19	19	26	14	
13	15	20	12	27	11	
14	14	21	15	28	13	
15	11	22	16	29	15	
16	18	23	17	30	12	
17	12	24	13	31	19	

4일

1. (1 9) / 14
2. (5 5) / 16
3. (2 8) / 14
4. (7 3) / 19
5. (5 5) / 11
6. (6 4) / 17
7. (3 7) / 15
8. (9 1) / 18

9. 11
10. 14
11. 18
12. 16
13. 15
14. 15
15. 19
16. 13
17. 16
18. 12
19. 12
20. 13
21. 18
22. 13
23. 11
24. 17
25. 15
26. 19
27. 17
28. 16
29. 14

5일

1. 10, 13
2. 10, 19
3. 10, 15
4. 10, 12
5. 10, 17
6. 10, 13
7. 10, 14
8. 10, 11
9. 10, 18
10. 10, 16

11. 16
12. 17
13. 15
14. 16
15. 12
16. 14
17. 13
18. 17
19. 18
20. 11

생각 수학

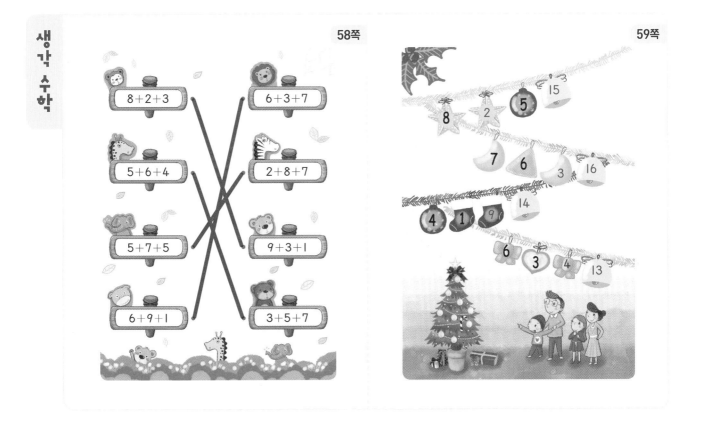

1일

						62쪽							63쪽
1	4		4	6			7	7	11	6	15	8	
2	6		5	7			8	7	12	9	16	7	
3	8		6	8			9	9	13	5	17	9	
							10	8	14	8	18	7	

2일

						64쪽							65쪽
1	15		4	17			7	12	11	14	15	13	
2	11		5	13			8	13	12	16	16	12	
3	12		6	14			9	14	13	12	17	15	
							10	13	14	15	18	14	

3일

					66쪽					67쪽
1	13 / 13, 3	4	16 / 16, 6			7	12 / 12, 2	12	17 / 17, 7	
2	13 / 13, 3	5	18 / 18, 8			8	12 / 12, 2	13	13 / 13, 3	
3	12 / 12, 2	6	12 / 12, 2			9	11 / 11, 1	14	12 / 12, 2	
						10	11 / 11, 1	15	14 / 14, 4	
						11	15 / 15, 5	16	11 / 11, 1	

				68쪽
1	12 / 12, 2	4	14 / 14, 4	
2	14 / 14, 4	5	11 / 11, 1	
3	11 / 11, 1	6	12 / 12, 2	

				69쪽
7	14 / 14, 4	12	16 / 16, 6	
8	13 / 13, 3	13	13 / 13, 3	
9	12 / 12, 2	14	12 / 12, 2	
10	11 / 11, 1	15	12 / 12, 2	
11	12 / 12, 2	16	15 / 15, 5	

				70쪽
1	11 / 11, 1	6	17 / 17, 7	
2	15 / 15, 5	7	13 / 13, 3	
3	14 / 14, 4	8	12 / 12, 2	
4	14 / 14, 4	9	16 / 16, 6	
5	16 / 16, 6	10	14 / 14, 4	

				71쪽
11	12, 2	16	14, 4	
12	7, 3	17	4, 1	
13	15, 5	18	18, 8	
14	16, 6	19	15, 5	
15	8, 7	20	4, 3	

생각 수학

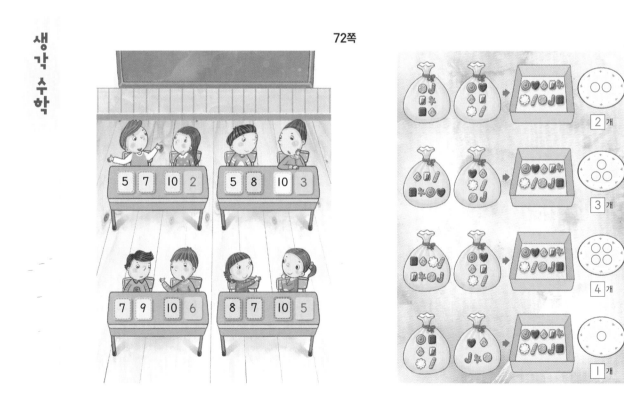

1일

				76쪽				77쪽
1	3 / 12	5	1 / 13	9	17	16	12	23	13
2	2 / 14	6	2 / 11	10	15	17	11	24	11
3	1 / 14	7	4 / 11	11	16	18	14	25	11
4	3 / 13	8	2 / 15	12	12	19	14	26	15
				13	13	20	11	27	14
				14	13	21	13	28	11
				15	12	22	16	29	18

2일

				78쪽				79쪽
1	3 / 11	5	2 / 13	9	11	16	11	23	15
2	1 / 11	6	2 / 16	10	13	17	15	24	15
3	2 / 12	7	1 / 12	11	12	18	14	25	12
4	1 / 13	8	3 / 13	12	14	19	11	26	16
				13	16	20	13	27	17
				14	14	21	11	28	14
				15	18	22	12	29	12

3일

				80쪽				81쪽
1	1 / 13	5	2 / 11	9	11	16	16	23	14
2	3 / 13	6	3 / 12	10	13	17	12	24	13
3	1 / 16	7	4 / 12	11	17	18	15	25	12
4	2 / 15	8	1 / 13	12	13	19	12	26	14
				13	15	20	18	27	14
				14	17	21	13	28	12
				15	12	22	11	29	15

4일

82쪽

1	2 / 15	5	1 / 15
2	4 / 11	6	3 / 12
3	1 / 12	7	3 / 11
4	3 / 14	8	2 / 12

83쪽

9	12	16	13	23	16
10	11	17	15	24	12
11	14	18	13	25	11
12	12	19	13	26	12
13	14	20	15	27	18
14	13	21	17	28	14
15	11	22	11	29	14

5일

84쪽

1	12	6	15
2	13	7	12
3	13	8	12
4	14	9	14
5	12	10	13

85쪽

(위에서부터)

11	11, 14	15	11, 13
12	14, 16	16	12, 13
13	14, 12	17	13, 15
14	14, 16	18	17, 13

생각 수학

86쪽

87쪽

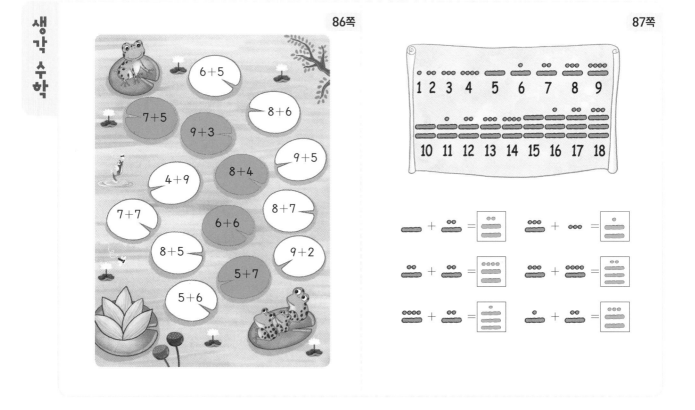

1일

90쪽
1	10, 7	5	6, 7
2	10, 8	6	3, 7
3	10, 4	7	4, 7
4	10, 6	8	2, 6

91쪽
9	6	17	6	25	9
10	9	18	9	26	5
11	8	19	8	27	5
12	7	20	7	28	8
13	8	21	5	29	5
14	3	22	9	30	9
15	9	23	6	31	8
16	9	24	3	32	4

2일

92쪽
1	10, 8	5	2, 7
2	10, 5	6	4, 5
3	10, 9	7	6, 8
4	10, 2	8	1, 9

93쪽
9	6	17	5	25	9
10	5	18	4	26	4
11	8	19	3	27	9
12	6	20	8	28	6
13	8	21	4	29	7
14	7	22	9	30	7
15	6	23	6	31	7
16	9	24	9	32	9

3일

94쪽
1	7	6	7	11	7
2	5	7	3	12	8
3	6	8	8	13	9
4	9	9	2	14	4
5	8	10	8	15	5

95쪽
16	8	20	4	24	6
17	9	21	6	25	6
18	5	22	9	26	7
19	5	23	3	27	8

						96쪽
1	9	6	9	11	9	
2	5	7	6	12	8	
3	8	8	6	13	8	
4	7	9	6	14	7	
5	7	10	6	15	7	

						97쪽
16	8	20	8	24	8	
17	9	21	9	25	4	
18	5	22	8	26	7	
19	5	23	3	27	6	

				98쪽
1	6	6	9	
2	7	7	7	
3	7	8	8	
4	5	9	8	
5	8	10	6	

				99쪽
11	5	16	6	
12	9	17	6	
13	4	18	9	
14	9	19	4	
15	9	20	8	

생각 수학

100쪽

$11-6=\boxed{5}$　$15-8=\boxed{7}$
$12-8=\boxed{4}$
$12-9=\boxed{3}$　$17-9=\boxed{8}$
$18-9=\boxed{9}$
$11-9=\boxed{2}$

101쪽

3	4	5	6

$11-7$
$11-8$　$12-9$
$12-7$　$14-9$
$12-6$　$13-9$
$14-8$　$15-9$

17

1일

104쪽

1 5 / 5
2 7 / 6
3 8 / 8, 3
4 7, 5 / 5
5 12, 8, 4 / 12, 4, 8
6 15, 9, 6 / 15, 6, 9
7 11, 2, 9 / 11, 9, 2
8 13, 8, 5 / 13, 5, 8

105쪽

9 12 / 5, 12
10 8, 14 / 6, 14
11 8, 17 / 9, 17
12 4, 11 / 4, 7, 11
13 7, 8, 15 / 8, 7, 15
14 6, 7, 13 / 7, 6, 13
15 7, 9, 16 / 9, 7, 16
16 9, 3, 12 / 3, 9, 12

2일

106쪽

1 7 / 7
2 8 / 14, 8, 6
3 4 / 4, 9
4 11, 5 / 5, 6
5 12, 3, 9 / 12, 9, 3
6 13, 6, 7 / 13, 7, 6
7 17, 8, 9 / 17, 9, 8
8 14, 8, 6 / 14, 6, 8

107쪽

9 11 / 3, 11
10 4, 13 / 9, 13
11 9, 14 / 9, 5, 14
12 15 / 6, 9, 15
13 9, 8, 17 / 8, 9, 17
14 8, 4, 12 / 4, 8, 12
15 2, 9, 11 / 9, 2, 11
16 8, 5, 13 / 5, 8, 13

3일

108쪽

1 2	8 5	15 6	22 6	29 11	36 6
2 9	9 7	16 4	23 7	30 16	37 9
3 7	10 9	17 6	24 9	31 14	38 11
4 6	11 5	18 4	25 7	32 13	39 15
5 9	12 9	19 3	26 8	33 12	40 8
6 6	13 8	20 7	27 7	34 17	41 16
7 8	14 8	21 9	28 8	35 14	42 9

109쪽

	110쪽						111쪽
1 8	8 13	15 8		22 12	29 8	36 13
2 7	9 9	16 8		23 7	30 9	37 9
3 11	10 6	17 12		24 9	31 7	38 5
4 5	11 7	18 7		25 9	32 18	39 15
5 8	12 13	19 14		26 3	33 8	40 5
6 15	13 4	20 6		27 4	34 11	41 11
7 9	14 9	21 8		28 17	35 5	42 9

	112쪽		113쪽
1 4	6 9	11 9	16 3
2 8	7 3	12 15	17 14
3 9	8 9	13 6	18 12
4 6	9 7	14 13	19 9
5 8	10 7	15 9	20 12

생각 수학

114쪽

115쪽

1
| 3 | 5 | 8 | 9 |
3 + 8 = 11
5 + 9 = 14

4
| 12 | 11 | 7 | 5 |
12 − 7 = 5
11 − 5 = 6

2
| 4 | 5 | 7 | 8 |
4 + 7 = 11
5 + 8 = 13

5
| 13 | 15 | 8 | 9 |
13 − 8 = 5
15 − 9 = 6

3
| 5 | 7 | 8 | 9 |
5 + 7 = 12
8 + 9 = 17

6
| 14 | 17 | 7 | 9 |
14 − 7 = 7
17 − 9 = 8

1일

118쪽
1 22	6 61	11 35
2 50	7 74	12 42
3 31	8 84	13 21
4 46	9 52	14 92
5 82	10 62	15 74

119쪽
16 21	22 71	28 62
17 73	23 92	29 43
18 30	24 61	30 23
19 47	25 71	31 91
20 52	26 21	32 32
21 64	27 42	33 84

2일

120쪽
1 21	6 95	11 30
2 61	7 42	12 71
3 34	8 83	13 23
4 71	9 42	14 63
5 54	10 93	15 52

121쪽
16 51	22 70	28 62
17 22	23 81	29 92
18 40	24 62	30 52
19 33	25 22	31 71
20 62	26 44	32 81
21 73	27 53	33 95

3일

122쪽
1 31	5 62	9 24
2 90	6 54	10 42
3 24	7 71	11 33
4 43	8 83	12 51

123쪽
13 51	20 31	27 21
14 42	21 74	28 62
15 21	22 52	29 31
16 74	23 92	30 43
17 83	24 20	31 53
18 83	25 95	32 82
19 53	26 30	33 60

4일

1	21	5	81	9	36	
2	64	6	40	10	78	
3	33	7	94	11	25	
4	73	8	42	12	64	

13	62	20	31	27	41
14	82	21	54	28	72
15	42	22	91	29	33
16	91	23	61	30	54
17	25	24	42	31	82
18	54	25	32	32	21
19	77	26	81	33	41

5일

1	44	6	24
2	64	7	53
3	22	8	81
4	72	9	42
5	52	10	28

11	54	16	31
12	43	17	62
13	33	18	91
14	82	19	77
15	92	20	32

생각 수학

$37+9=\boxed{46}$ ➡ 레
$35+7=\boxed{42}$ ➡ 베
$49+6=\boxed{55}$ ➡ 트
$43+8=\boxed{51}$ ➡ 스
$28+6=\boxed{34}$ ➡ 에

세계에서 가장 높은 산은? 에 베 레 스 트 산

1일

132쪽

1 11	6 89	11 58
2 39	7 73	12 28
3 79	8 64	13 46
4 25	9 16	14 34
5 56	10 48	15 68

133쪽

16 17	22 79	28 55
17 89	23 24	29 37
18 48	24 59	30 63
19 26	25 47	31 15
20 52	26 39	32 29
21 68	27 68	33 46

2일

134쪽

1 56	6 76	11 49
2 37	7 29	12 18
3 67	8 43	13 85
4 19	9 54	14 38
5 89	10 68	15 76

135쪽

16 14	22 84	28 64
17 39	23 27	29 77
18 58	24 39	30 89
19 68	25 73	31 43
20 44	26 58	32 68
21 28	27 38	33 16

3일

136쪽

1 77	5 17	9 58
2 37	6 29	10 47
3 66	7 57	11 78
4 87	8 34	12 25

137쪽

13 56	20 73	27 27
14 66	21 89	28 39
15 75	22 76	29 17
16 36	23 28	30 68
17 87	24 45	31 22
18 78	25 14	32 48
19 18	26 59	33 34

4일

1	58	5	45	9	67
2	76	6	27	10	19
3	38	7	78	11	84
4	86	8	49	12	55

13	78	20	64	27	49
14	49	21	88	28	68
15	36	22	76	29	76
16	66	23	88	30	57
17	43	24	25	31	89
18	15	25	38	32	77
19	56	26	61	33	59

5일

1	14 / 27	5	48 / 87
2	47 / 84	6	39 / 58
3	55 / 78	7	17 / 68
4	67 / 28	8	75 / 38

9	44	14	56
10	75	15	57
11	16	16	28
12	65	17	86
13	39	18	13

생각 수학

메모

1일 10분
초등 메가
계산력

정답

초등 공부 시작부터 끝까지!

맞춤법 + 어휘 + 독해

초등 1~2학년 | 1~2단계

맞춤법, 어휘, 독해 통합 학습

QR코드를 활용한 **지문 듣기 제공**

문학, 비문학, 맞춤법 동화 지문 구성

하루 **2장, 25일** 완성

문장 학습 + 글쓰기

초등 1~2학년 | 1~2단계

❖ **문장 학습, 글쓰기** 통합 학습

❖ **초등 필수 국어 문법** 학습

❖ 교과 연계 **갈래별 글쓰기** 연습

❖ 하루 **1장, 50일** 완성

한자를 알면
공부 포텐이 터진다!

"공부가 습관이 되는 365일 프로젝트"

이서윤쌤의
초등 한자 어휘 일력

- 재미있는 만화로 아이가 스스로 넘겨보는 일력
- 이서윤 선생님이 뽑은 한자 365개
- 한자 1개당 어휘 4개씩, 총 1460개 어휘 학습
- 의미 중심 3단계 어휘 공부법

초등 전학년

"습관이 실력이 되는 주요 과목 필수 어휘 학습"

이서윤쌤의
초등 한자 어휘 끝내기

- 초등학생이 꼭 알아야 할 교과서 속 필수 어휘
- 수준별 일상생활 어휘, 고사성어 수록
- 하루 2장, 한 개의 한자와 8개의 어휘 학습
- 공부 습관 형성부터 실력 발전까지!

- (1단계) 주요 교과 어휘 + 일상생활 어휘 | 초등 2~3학년 권장
- (2단계) 주요 교과 어휘 + 고사성어 어휘 | 초등 3~4학년 권장
- (3단계) 주요 교과 어휘 + 고사성어 어휘 | 초등 4~5학년 권장

이 서 윤 선생님

- 15년차 초등 교사, EBS 공채 강사
- MBC '공부가 머니?' 외 교육방송 다수 출연
- 서울교육전문대학원 초등영어교육 석사

★ 부모를 위한 자녀 교육 유튜브 : 이서윤의 초등생활처방전
★ 학생들을 위한 국어 공부 유튜브 : 국어쌤